トリチウムの危険性を探る

アルジュン・マクジャニ 著
天野 光、崎山比早子、高垣洋太郎 訳

Exploring Tritium Dangers

Health and Ecosystem Risks of Internally Incorporated Radionuclides

緑風出版

Exploring Tritium Dangers
：Health and Ecosystem Risks of Internally Incorporated Radionuclides
by Arjun Makhijani

目　次　トリチウムの危険性を探る

本書で引用されている報告書の発表団体リスト

IEER（エネルギー環境研究所）The Institute for Energy and Environmental Research
1987年設立　米国の非営利団体。現在、本著者が代表者
EWG （環境作業部会）Environmental Working Group　1993年設立　米国の非営利団体
ICRP（国際放射線防護委員会） International Commission on Radiological Protection
1950年設立　勧告を目的とした国際組織で、非政府機関
放射線医学総合研究所（放医研）日本政府1957年創立、2021年4月より国立研究開発法人 量子科学技術研究開発機構 量子生命・医学部門 旧放射線医学総合研究所
DOE（米合衆国エネルギー省） U.S. Department of Energy
ANL（米合衆国エネルギー省傘下アルゴンヌ国立研究所）Argonne National Laboratory
EPA（米合衆国環境保護庁）U.S. Environmental Protection Agency
NAS－NRC（全米科学アカデミー） National Academy of Sciences、（全米研究会議）National Research Council
NRC（米国原子力規制委員会）U.S. Nuclear Regulatory Commission
CNSC（カナダ原子力安全委員会） Canada　Nuclear Safety Commission
ODWAC（カナダ・オンタリオ州飲料水諮問委員会）Ontario Drinking Water Advisory Council
ASN（フランス原子力安全規制当局）L'Autorité de Surete Nucleaire
IRSN（フランス放射線防護・原子力安全研究所）Institut de Radioprotection et de Sûreté Nucléaire

序文

この本の動機はいろいろありますが、圧倒的な動機は、核種としてのトリチウムを、もっと真剣に扱う必要があるとの認識からです。放射能水は、食物を放射能化し、胎盤を通過し、更に原子力発電でも核兵器でもあまねく環境を汚染します。それにもかかわらず、放射線業界では、その線源としての危険性に関しては、軽くあしらわれています。ケイ・ドレイ氏も私も、個別にこの認識に到り、ケイ・ドレイ氏には、この本に惜しみない支援を賜りました。

技術的な情報に関しては、1980年代初めに、ボブ・アルバレス氏がアンソニー・ガリスコ氏を紹介してくれたことに始まります。ガリスコ氏は、1946年のビキニ環礁での原子爆弾実験に従事した退役軍人で、1982年に亡くなったカリフォルニア大学ロスアンゼルス校医学部スタンフォード・ワレン元学部長の所持していた沢山の文書を受け継いでいました。ワレン氏は、第二次世界大戦後最初の核弾頭実験クロスロード作戦（十字路作戦）で、放射線安全主任でした[訳注 A-1]。実験従事者達は、米国国防総省核兵器局から、彼らの内部被ばくは無視できる程少ないと伝えられていました。しかしながら、残された文書は逆のことを物語っています。放射線に対する配慮はほとんど無く、安全担当者達は、一部の海軍将校達が、放射線の未知の障害に対して、歯牙にもかけないマッチョな態度を取っていると苦情を呈しています[1]。

報告書を、同僚と共に、他ならぬ保健物理学[訳注A-2]創設者カール・モーガン氏を通じて下院退役軍人問題委員会に上程しましたが、これは、「内部被ばくについては本来求められる厳密さに基づいての考慮がなされていない」という、私の最初の指摘です。〝内部被ばく〟とは、核種が体内に取り込まれた後に放出する電離放射線のイオン化エネルギーを吸収することによるものです。

核戦争防止国際医師会議（IPPNW）とエネルギー環境研究所（IEER）との1990年代の共同プロジェクトでは、全ての核兵器保有国は、人々の同意なしに人々を傷めつけていると結論しています。多くの証拠が、外部被ばくと内部被ばくとには顕著な違いがあることを示していますが、今までのところ大人に対する発がんリスクの研究のみに焦点が当てられています。しかし、発がんリスクのみが重要ということでは無く、その他の放射線障害も重要なのです。

1999年、当時IEERでの同僚であったリサ・レッドウイッジ氏と共に、全米科学アカデミーに、低レベル放射線による健康被害を研究する委員会において、特に胎盤を通過する核種が起こす問題などについて取り上げて欲しいと、科学者、大学教師、活動家、内科医、自治体首長ら100名以上の署名を添えて求めました。しかし、委員会は、男性、女性、子ども達に対する発がんリスクについては更新したものの、胎盤を通過する

1　Makhijani, A. and Albright, D. IRRI（国際放射線研究所），1983, p.2

核種についての問題は、真剣に考慮しませんでした。放射性の水や放射性食物により胎芽や胎児が受ける影響についての検討は、痛ましくも外されており、再度2022年1月に全米科学アカデミーの他の委員会に同じ話題を提起した時も、衝撃的なことに、放置されてしまいました[2]。

除染後に残存する放射能のリスクを評価するアルゴンヌ国立研究所のRESRAD[訳注A-3]プログラムでは、汚染除去後、残留放射線による被ばくのリスクを受ける「リフェレンスマン(Reference Man)」標準人[訳注A-4]を20歳から30歳の白人男性と想定して計算しています[3]。2000年代なかばにこのことを知って、放射線によるリスクがどの様に考えられているか、掘り下げてみることにしました。この時点で、保健物理学でいう物理としての人体は、水の塊として単純化して置き換えられていることに気がつきました。確かに、人体は主に水からなり、モデルとして扱うために単純化が求められるかもしれません。しかしながら、人体は組織だったシステムで、生物学的効果比（RBE）という概念を持ち出して修飾したとしても、このモデルは当てはまりません[訳注A-5]。更に、既に多種多様な毒性化学物質が広く社会に使用されている中で、化学的リスクを値踏みする方法は非常に異なっており、放射線リスクと化学物質によるリスクを複合的に評価することは、どの様なシステムを用いても、可能ではありません。現実は、2005年の環境作業部会EWGとCommonweal誌との共同研究では[訳注A-6]、新生

2　Makhijani, A. IEER（エネルギー環境研究所）, 2022,1月10日
3　Makhijani, A and Makhijani, A. IEER, 2009年8月

児10名の臍帯(さいたい)血中に平均200種の工業化学物質と汚染物質が検出されているという状況なのです[4]。複数の化学物質の複合的効果を体系的に評価出来ず、まして化学物質と放射能を統合的に評価出来ないとすれば、環境保護の立場からは、健康を保護するよりは、汚染を制御するという方向に向かわざるを得ません。どの様な特定毒物も、汚染を制限することは必要不可欠で、工業界の規制の中心的課題です。しかしながら、私達は、受精した時点から、実際にはそれ以前の卵子や精子となった時から、既に環境にある汚染物質に晒されているのです。人々に（一般的には聴衆の中の若い方々に）何歳ですかと尋ねると、多くは誕生日から数えて年齢を教えてくれます。しかしながら、私達の元となった卵子は、私達の母親が、彼女の母親の胎内に居た時形成されたので、私達の体の一部は母親と同じ年齢なのです。

IEER（エネルギー環境研究所）は、〝科学の民主化と、より安全で健康的な環境を促進するために、科学的叡智を社会政策の問題に導入する〟という目標に貢献しようとする非営利団体です。しかし、世の中には非常に多くの問題があり、小さな団体であるIEERが何について活動すべきかを整理するのに、時間が掛かりました。私達は、トリチウムに焦点を当てるとの決断をしました。この広範にあまねく存在する汚染物質は、他の危険な汚染物質がどの様なリスクを人々や他の生命体に与えるかについての良い例となるでしょう。例えば、トリチウムが与える損傷の根源は、細胞内で電離した水が、過剰な活性酸素種を生成することです。これは、重金属による同様の多くのリスク

4　EWG（環境作業部会）2005

の源にもなります。従って、トリチウムによる損傷を理解することは、他の汚染物質による損傷をよりよく理解するだけではなく、リスク評価を統合してよりよい環境基準を設定し、公衆の健康保護を促進することに繋がるでしょう。他方、この問題の複雑さも指摘して、これから私達がどれだけ学ばなければならないか、更なる保護基準を必要としているかをも導いてくれるでしょう。

本稿の一部は、2022年1月に全米研究評議会 National Research Council に送った低レベル放射線研究に関する覚書を、引用または改訂したものです[5]。

日常的なトリチウム汚染が、実際に雨として、人々や生命圏に降り注いでいることについて、IEER は、ドイツの大気モデル専門家マチアス・ラウ氏に委託して、イリノイ州のブレイドウッド原子力発電所の年間の恒常的トリチウム蒸気の排出をモデル計算してもらいました。ブレイドウッド原子力発電所は、トリチウム漏出が発見され、排出したトリチウムが敷地外に移動して民間の井戸を汚染したことで、悪名高くなったところです。ラウ氏のモデル算出結果の全ては、付録 B として末尾に掲載しました[訳注 A-7]。

IEER のプロジェクト研究者であるアニー・マクジャニ氏に感謝します。彼女は、この本のために多くの検索を行い、英語、仏語の文献を掘り出し、原稿を校正してくれました。

この本は、ケイ・ドレイ氏に献呈します。彼女は、だいぶ以前にトリチウムが、健康と生態系にインパクトを与える危険

5　Makhijani, A. IEER, 2022

な核種であると指摘していますが、1946年ビキニ環礁での危険を指摘した時のように、度々侮蔑の対象となりました。しかし、本冊子は、彼女が先見の明のある方であったことを示しています。ケイ・ドレイ氏には、この仕事に寛大な支援を賜り、この研究プロジェクトの全ての財政支援を賜りました。私個人としても、またこの本の分析と探求によって益を受ける全ての人々に代わって、感謝申し上げます。この本は、「トリチウムの危険性を探求する」と題していますが、放射能リスクの多岐にわたって、とりわけ比較的無視されてきた分野を、文字通り冒険探求するものとなりました。

第一に、トリチウム自体の危険性があります。第二に、妊娠時とりわけ初期1/3のトリメスター期[訳注A-8]に受ける放射線障害については、驚くほど無視され続けて来たことがあります。トリチウムは、核兵器からも原子力発電所からも排出される、人類が創り出したあまねく分布する汚染物質です。放射性水として、あるいは私達の食する食物を構成する分子として、いったん体内に取り込まれると、細胞の細胞質内で、オルガネラ（細胞小器官）に影響を与えます。トリチウムはβ線を放出して、細胞内で過剰な活性酸素種を創生し、ミトコンドリアとミトコンドリアDNAを損傷しますが、ミトコンドリアは全ての多細胞の動物、植物や菌類で、また核を持つ単細胞生物で、エネルギーシステムの中核です。代謝では酸化反応と還元反応は通常な過程ですが、このことは活性酸素種も存在することを物語っています。ここで問題になるのは、活性酸素種が過剰に産生されることです。類比すれば、私達は、正常な代謝過程に酸素を必要としていますが、オゾン汚染のように、正常な代謝に加えて過剰にオゾンのような酸化物が加わると、損傷を作り出すということです。それ故に、「汚染」と名付けるのです。

表題にある〝探求〟という言葉は、発がんや一般的に許容される量やリスク評価について、まだまだ多くを学ぶ必要があるという意味合いでも使われていますし、これらの問題は、それ自身としても重大な事柄です。しかし、本冊子は、発がんとは異なったリスクに焦点を合わせています。科学的観点からも、健康を守り環境を保護する観点からも、非常に多くの〝探求〟を必要としているのです。

2022年7月

アルジュン・マクジャニ

訳注

訳注 A-1　アメリカは1946年から58年までマーシャル諸島ビキニ環礁で67回の核爆発実験を行った。

訳注 A-2　保健物理学 Health Physics は放射性物質の環境挙動や放射線障害、放射線防護等について調査・研究を行う学術分野である。

訳注 A-3　米合衆国エネルギー省傘下アルゴンヌ国立研究所では、1988年から、汚染除去残存放射能 residual radiation を計算する RESRAD を開発してきたが、2000年に ver.6.0 が、2014年に ver.7.0 が出て、順次改良されている。

訳注 A-4 「標準人」（リファレンスマン）は、ICRP が放射線被ばく線量を評価するために定義した概念で1975年 Publication 23 で以下のように記載されている。「年齢20～30歳、体重70kg、身長170cm、平均気温10～20℃の気候に住んでいると定義される。白人であり、西ヨーロッパ人か北アメリカ人である」。その後、2003年の ICRP Publication 89 ではアジア人の特性を考慮したデータの改訂が行われた。標準値として、胎児期8段階、出生後6段階の成長過程に応じた解剖学的データと生理学的データが用意され、15歳児と成人に対しては男女別に区別されている。

訳注 A-5　水ファントムは、外部被ばく線量評価などに使われ、外部放射線治療での吸収線量測定、モニター線量計校正、放射線漏洩測定等の複数の用途の製品が市販されている。最近では数値ファントムといって、数学モデルで人体を表現し計算機で被ばく線量等を算出する手法も行われている。

訳注 A-6　環境作業部会 Environmental Working Group（略称 EWG）は、1993年に設立された米国の非営利団体で、農業補助金、有毒化学物質，飲料水汚染物質、企業の説明責任などの領域で、研究と意見表明を行っている。雑誌 Commonweal は、1924年から発行されているカトリック信者による、信仰と社会や政治とに関連する意見雑誌。

訳注 A-7　本翻訳本では、付録Bはあまりに専門的な解析であるため、省略したが、原本はネット上で無料閲覧できるので、興味のある方は、原本（以下）を参照のこと）

https://ieer.org/wp/wp-content/uploads/2023/02/Exploring-Tritium-Dangers.pdf

訳注 A-8　訳注 A-1に同じ。胎齢については、発生学では、本邦では、受精から妊娠16週までを妊娠初期、16週から28週までを妊娠中期、29週から40週までを妊娠末期と呼ぶ。欧米では、妊娠の三分割法が、第一・三分割期 first trimester は妊娠13週末まで、第二・三分割期 second trimester は14週から27週まで、第三・三分割期 third trimester は28週から40週までとし、ズレがある。産婦人科では、妊娠時期を最終正常月経第一日より起算する。原著では欧米の三分割法で記載されているが、訳文では、読み易さを考えて、妊娠初期・中期・末期とした箇所もある。

第1章　今なぜトリチウムなのか？

トリチウムは水素の放射性同位元素です。水素は宇宙で最も豊富な元素であり、観測可能な質量の3/4近くを占めています。水素は最も単純な元素で、原子核に1個の陽子、その周りを回る1個の電子から構成されています。地球上の水素の大部分（99.985パーセント）はこのような形態です。残りのほとんど大部分（0.015パーセント）は重水素であり、原子核の中に陽子の他に1個の中性子があります。これは普通の水素と同様で放射性ではありません。トリチウムはもう一つの水素の同位元素で自然にはごく微量しか存在せず、宇宙線と大気の相互作用によって形成されます。自然に存在するトリチウムの総量は10キログラムにも満たないものです。ちなみに大気の質量は500万兆（5×10^{18}）キログラム以上[6]です。

それならなぜトリチウムのことを心配するのでしょうか？トリチウムが放出する放射線（β線）が、他の放射性物質と同様に人や他の生物にとって危険だからなのです。トリチウムは通常は水素のように気体ですが、水の中にも存在し、水分子H_2Oの一つあるいは両方の水素と入れ替わることがあり、それぞれHTOまたはT_2Oと表記されます。いずれの形であっても〝トリチウム水〟と呼ばれ、もちろん放射性物質です。トリチウムはこの点で独特です、なぜならそれは生命体のほとんどを占め、生命の源である水を放射性にしてしまうからなのです。そして、それ故に食物をも放射性にします。よく調べてみ

6　ANL 2007；Argonne National Laboratory の Contaminant Fact Sheets All_070418（Petersen, J ら著）の p56
http://remm.hhs.gov/ANL_ContaminantFactSheets_All_070418.pdf

れば、トリチウムの危険性に細心の注意を払うべき理由は沢山あります。

1　放射能を測定すると、トリチウムは、日常的に最も大量に放出される最も一般的な放射性汚染物質なのです。例えば、イリノイ州にあるブレイドウッド原子力発電所から2019年に排出された汚染水中のトリチウムの量は、**他の全ての核分裂生成物及び放射化生成物の排出量の75,000倍以上でした。**2019年にイリノイ州ブレイドウッド原子力発電所から、水蒸気の形で日常的に放出されたトリチウムの量は、他の全てのガス状の核分裂生成物及び放射化生成物の100倍以上でした[7]。

2　人工的に生成したトリチウムは、プルトニウムと同様自然界にあるものをはるかに超えています。

3　トリチウムとプルトニウムは両者ともに核兵器に使われます。

4　トリチウムは、プルトニウム、ウラニウムや他のアルファ線放出核種と同様に、外部被ばくよりも内部被ばくの方がはるかに危険です。

5　トリチウム水は放射性ですが、化学的性質は、動物や植物の身体の大部分の成分である通常の（非放射性の）水と区別がつきません。私たちの細胞はほとんどが水です。

7　Braidwood 2019；ブレイドウッド原子力発電所 Annual Effluent Release Report, による汚染水表2A（pdf p26）とガス状排出表1A（pdf p20）
https://www.nrc.gov/docs/ML2012/ML20122A019.pdf

その結果、トリチウム水が一旦取り込まれると私たちの身体にくまなく浸透します。植物も動物も同じです。

6 トリチウムの半減期は十分に長く（12.3年）、環境中に何十年も存在します（その量は崩壊するに従い減少します）；他方、プルトニウムに比較すれば半減期は短いために非常に放射活性が強いのです[8]。ちなみに、一定量の単位時間内での崩壊数という意味では、プルトニウムの15万倍放射活性があります。**子さじ一杯のトリチウム水（HTOとして）は、米国飲料水の基準値内としても1000億ガロン（3,785億リットル）を汚染します：それは100万世帯に水を1年間供給するに十分な量です。**

7 トリチウムは胎盤を容易に通過します。胎児と母体とのトリチウムの濃度比は、母体がトリチウムを妊娠前に摂取しても妊娠してから摂取しても1以上です[9]。

---

8 単位重量当たりの放射活性は半減期に反比例する。即ち半減期が短いほど一定量当たり放出する放射線量は多い。ヨウ素131（半減期8日）のように半減期の短い核種は非常に放射活性があり危険であるが、一方長くは存在しない。ヨウ素131は基本的に約3カ月で完全に崩壊してキセノン131になる。半減期12.3年のトリチウムはそれ程ではないが、それでも高い放射活性があり、ヨウ素131が3カ月で崩壊して達するのと同じ量になるのに130年かかる。比放射能もまた原子量に反比例する。そのため最も軽い放射性物質であるトリチウムは、単位重量当たりの放射活性はより高くなる。

9 NRPB 2001；表1、13頁 （訳注 ICRP 2002のPub88表3 2に相当）このことは、特に炭素14のような他のいくつかの核種に対しても言える。対照的にプルトニウムは胎児・母体比は妊娠最終期の摂取を除き1以下である。

https://journals.sagepub.com/doi/pdf/10.1016/S0146-453%2801%2900025-2

8　全ての多細胞生物のエネルギーシステムの中核は、細胞質内にあるミトコンドリアが担っています。トリチウムは細胞質内の水を電離し、ミトコンドリアDNAに深刻な傷害を与えるプロセスを引き起こします。ミトコンドリアには食べた物を、身体の中のあらゆる機能を動かすために使われるATP（アデノシン三リン酸）に変換する働きがあります。

9　トリチウムは、子宮内での形成期にある卵子、妊娠期間内での成熟期の卵子に影響を与えることによって、未来世代にも影響を与える可能性があります。トリチウムは、精子や精母細胞に取り込まれることによっても、同様な影響を与える可能性があります。

10. 体内に取り込まれた放射性核種による内部被ばくは非がん性疾患を発症させる可能性があり、特に妊娠初期であれば流産や形態異常などを引き起こします。トリチウムはその良い例となります。少なくとも、これらの影響のいくつかは低線量でも起きる可能性がありますし、特に中枢神経系の形成に対するある種の損傷は顕著です[10]。

11　大人、特に標準人（訳注A-4参照）に焦点を当てることによって、トリチウムの危険性やリスクが過小評価されてきました。被ばく時にその影響を減らすための公式なアドバイスは、ビールや他の飲料を飲むことです。〝トリ

10　ICRP 49（1986）; 国際放射線防護委員会 International Commission on Radiological Protection（略してICRP）の年報49、1986、Developmental Effects of Irradiation on the Brain of the Embryo and Fetus の項 p20–21 及び p31

チウム水〟生物学的半減期は平均10日ですが、水分摂取量を増やすだけで、特にコーヒー、お茶、ビール、ワインなどの利尿作用のある水分を摂取することにより半減期を短くすることができます〟[11]。勿論これは間違えたアドバイスではありませんが、これには妊婦に対する注意書きがないことで注目に値します。実際、このトリチウムの〝安全な取り扱い〟というハンドブックには、〝妊婦〟〝胎芽〟や〝胎児〟という言葉は出てきません。

12　日常的なトリチウム汚染は、多くの人々の飲料水に影響を与えていますが、一般的には米国の飲料水基準値以下[訳注1-1]です。しかもその基準値は、特に妊娠初期の胎芽や胎児を保護するために何が必要かを、詳細に評価することなしに決められたのです.

13　原子力発電所や核兵器関連施設の多くは、人々が個人的に井戸を持っているような、比較的田舎に位置しています。汚染物質の濃度を制限する飲料水規制は、公共水道にのみ適用されます。これはある観点からすれば合理的でしょう。個人の井戸を規制することは、個人に化学的、生物学的、放射性汚染物質の検査と報告をさせるという意味で、農村部の家庭に多大な出費を課すことになります。しかし、これは結果的に大きな抜け穴が生ずることになりました。それは、発電所や化学工場のような産業

11　DOE 1994; 米国エネルギー省（Department of Energy:DOE）1994年刊, DOE HANDBOOK PRIMER ON TRITIUM SAFE HANDLING PRACTICES p19.

界に対しては、事故あるいは漏えいが表面化し、多くの人々にとっては手遅れになってしまわない限り、モニタリングのための資金を提供する義務もなく、汚染の可能性について市民に警告する義務すら課さないからです。

14　トリチウム問題は、科学的評価のギャップ、健康と生態系への影響、社会的影響、規制上の問題など、多くの状況を反映しています。したがって、トリチウム問題を研究することで、他の放射性核種を含む他の汚染物質についても、これらすべての側面から教訓を得ることができ、その結果、健康と環境の保護にもつながります。

この最後の理由は、健康と環境の保護に関して重要な意味を持ちます。トリチウムを理解することで、非放射性汚染物質との相乗的相互作用を理解できるようになる可能性があります。実際に相乗効果に取り組むという目標は、この小冊子には大きすぎますが、その研究は困難なテーマに体系的にアプローチする一つの方向性を指し示しています：即ち、それは生体細胞内で過剰な活性酸素種[訳注1-2]を発生させることによって作用する汚染物質を調べるという方向性です。

訳注

訳注1-1　トリチウムについて、米国の飲料水基準値は1リットルあたり740ベクレルであるが、カリフォルニア州では1リットルあたり15ベクレルである。（第7章を参照のこと）一方日本ではトリチウムについては飲料水にも、食品についても規制基準値は定められていない。原子力施設からの環境放出規制基準値は、1リットルあたり60,000ベクレルであ

る。

訳注 1-2　活性酸素種（ROS: reactive oxygen species）とは酸素分子（O_2）に由来する反応性の高い一群の分子群の総称である。ROS は主にミトコンドリアで産生され、スーパーオキサイド（O_2^-）、過酸化水素（H_2O_2）、ヒドロオキシラディカル（・OH）などが含まれる。

第２章　トリチウムの物理的、放射化学的な特徴

a　物理的な特徴

トリチウムは水素の放射性核種で、その原子核に1個の陽子と2個の中性子を持ち、質量数は3です。図II-Iは水素の3つの同位体を示しています。

トリチウムは本質的に水素ガスのような放射性のガスですが、質量数は3倍で、通常はTと表記されます。その水素への類似性が強調されるときには、水素を表すHを用いてH-3または^{3}Hと表記されます[12]。通常の水素の原子核は1個の陽子のみであり、中性子はありません。一方でトリチウム（T）の質量数は3で水素が1であるのに対して3ですが、それでも非常に軽いです。トリチウムガスのHTは質量数4で、酸素ガスO_2の質量数32と較べても軽いガスです。小さな軽い分子状トリチウムガス（HTあるいはT_2）[訳注2-1]は通常の水素ガスH_2のように、高度な格納容器を除いた全てのものを容易に通り抜け、他の水素と自由に混合します[訳注2-2]。

トリチウムは放射性で、即ち不安定な原子核を持ち、ベータ（β）線の粒子を放出して壊変し、新たな、そして非放射性のガスである安定な元素、ヘリウム-3に変換します。

H-3（トリチウム）→ He-3（ヘリウム3）＋β線（電子）＋反ニュートリノ

12　原子核の陽子と中性子の合計は「質量数」と呼ばれ、同位体の実際の質量に近い。

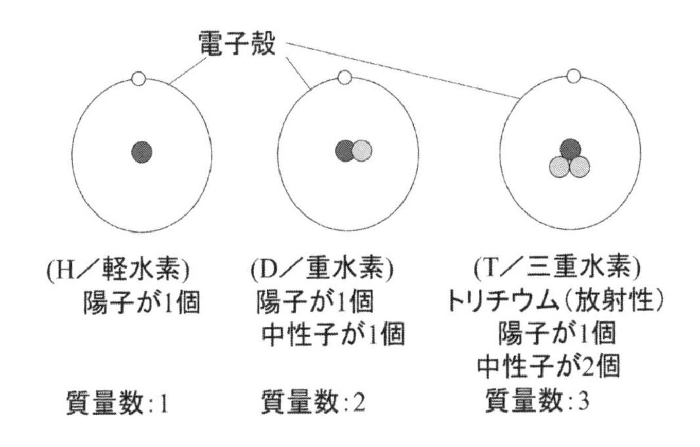

図 II-I　水素の３つの同位体概念図

通常の水素は H-1 で単純に H 表記、重水素は H-2 で D 表記、トリチウムは H-3 で T 表記である。トリチウムだけが放射性である。

ある量のトリチウムがヘリウム３に壊変し、半分の量になる時間は、約 12.3 年です（訳注：これは半減期と呼ばれています）。その時間が経過しても、もとのトリチウムの半分は依然として残っています。他の半分は不活性であるヘリウム３のガスとなっています。トリチウムから生ずる害は、β線が生命体と反応することによるものです。

平均してこれらのβ線は 5,700 エレクトロンボルト（5.7 キロエレクトロンボルト、keV）のエネルギーを持っています[13]。生物分子の一般的な化学結合は、数エレクトロンボルトです。この

13　ANL_2007；ANL　Contaminant Fact Sheets_All_070418（Petersen, J ら著）pdf 版　p 56

ことは、1つのβ線が、平均して数千の電離を引き起こすことを意味しています。トリチウムは細胞の中に入り込むので、水の電離は特に重要です。水の電離エネルギーは約12.6エレクトロンボルトです[14]。その割合では、トリチウムβ線の平均エネルギー5.7キロエレクトロンボルトは、水分子の約450個の電離を引き起こします。トリチウムβ線の最大エネルギー18.6キロエレクトロンボルトでは、水分子の1,470個以上の電離を引き起こすでしょう。もちろん、トリチウムの壊変が引き起こす電離は水分子のみに限りません。細胞質中に最も多量にあるのが水分子であったとしてもです。

ある物質の放射能は、通常は毎秒毎の壊変数で測定されます。この数はベクレルですが、科学者ヘンリー・ベクレルから名付けられ、Bqと表記されます。単位重量あたりの放射能は、「比放射能」と呼ばれます。1グラムのトリチウムは、毎秒約360兆個壊変します。つまりその比放射能は、1グラムあたり360兆ベクレル、すなわち360TBq/gです。比放射能はまた、マリー・キュリーに敬意を表した単位であるキュリーでも測定されます。1キュリーは毎秒370億壊変で、マリー・キュリーが発見したラジウム226の1グラムが持つ放射能に相当します。この尺度ではトリチウムは1グラムあたり9,800キュリーの比放射能です。1キュリーは非常に大きな放射能量です。何らかの物質の汚染の量は、通常はピコキュリー（1キュリーの1兆分の1の単位）か、ナノキュリー（10億分の1キュリー）、マイクロキュリー（百万分の1キュリー）で測定されます[訳注2-3]。

14　NIST 2001；(National Institute of Science and Technology)

トリチウムは化学的には水素と同じなので、酸素と結合して水となります。これはトリチウム水として知られ、水分子中の非放射性水素の1つあるいは2つの原子と入れ替わります。トリチウム水は、通常は水分子中の1つあるいは2つのトリチウム原子でHTOあるいはT_2Oと表記されます。トリチウムは放射性なのでトリチウム水も放射性です。トリチウムは本質的に化学的には水素と同じなので、トリチウム水は水と同じに振舞い、通常の水と同じように生き物と相互作用しますが、その放射能のために、健康に傷害を与えます。厳密には、トリチウム水は少し分子量が大きいので、トリチウム水と通常の水とでほんの少しだけ挙動が違いますが、環境中では通常の水と同じ挙動をします[訳注2-4]。

b　原子炉以外のトリチウム源

トリチウムは天然にも、人工的にも生成します。

自然界では、宇宙線が大気と相互作用し、中性子を生成します。中性子が大気中の窒素の原子核と衝突すると、通常の炭素原子（C-12）とトリチウム（H-3）が生成します。

N-14（窒素14）＋中性子　→　C-12（炭素12）＋ H-3（トリチウム）

トリチウムは自然に定常的に生成し、また壊変します。その結果として、環境中で生成と壊変のバランスが取れ、自然のトリチウム量は平衡状態を保っています。フランス政府の放射線防護・原子力安全研究所（IRSN）は、年間の生成量を0.15～0.2kgと見積もっており、それは平衡量としては約3kgを意味します[15]。

環境中のトリチウムの大部分は人工起源です。1945年から1963年にかけての大気圏内核爆発は、広島・長崎への原爆投下を含めて、推定780kgのトリチウムを生成しました。そのうち650kgが北半球で、残りが南半球で生成されました[16]。

1963年に締結された部分的核実験禁止条約は、地下での実験以外のすべての核実験を禁止し、米国、旧ソ連、英国の3国が批准しました。しかしフランスは1974年まで、中国は1980年まで大気圏内核実験を継続し、トリチウムを発生させたのでした。南太平洋フランス領ポリネシアでのフランスによる核実験は、南半球に単位核爆発力あたりでかなり大きな影響がありました[17]。自然起源の生成量より多い約20kgが2020年でも環境中に残っていて、そのうち90%が海洋に、1%が大気中に、残りは様々な陸上の水中に残っています[18]。もちろん、地下核

15　IRSN2010；フランス放射線防護原子力安全研究所刊『トリチウムと環境』Calmon P.ら著p.4。アイゼンバッドは1987年に、在庫2.65kgを提唱している（Zerriffi 1996の3ページ）が、これは本書で使用したIRSNの数字に近い。アルゴンヌ国立研究所は、平衡量として、より大きな数値、7.3kgを提唱している。これは天然のソースによる年間の生成見積もり量は引用していない。ANL2007の56ページ。

16　IRSN2010　4ページ

17　IRSN2010　4ページ　核拡散防止条約（NPT）の署名により、地下核実験は1996年まで続いたが、その後、インド、パキスタン、北朝鮮が地下核実験を行った（訳注2-9）。

18　IRSN2010　4ページ。2007年には40kgの貯蔵量

実験の継続は、地下の放射能汚染という遺産を残しています。その影響はいまだ正しく理解されてはいません。包括的核実験禁止条約は、すべての核実験を禁止するものですが、いまだ核保有国を含め十分な国に批准されておらず、条約発効に至っていません[19]。

2005年に発行された米国アルゴンヌ国立研究所（ANL）のファクトシートの要約によれば、米国は225kg 、自然にある全量の約70倍のトリチウムを核兵器計画のために生成しました。日付は記載されていませんが、75kgが残っています[20／訳注2-5]。

アルゴンヌが言及したトリチウム在庫量は、1990年頃まで遡る公的な情報源を根拠にしたもののようです[21]。米国のトリチウム製造は、その主な目的が核兵器プログラムのためで、核兵器製造施設の原子炉で生産されましたが、多くのトリチウムが環境中に残されたまま、それらの施設は1990年代初頭に閉鎖されました。その後、軍事用トリチウムの生産は、テネシー州で2003年から、民間の原子炉ワッツバー（Watts Bar ）1号

19　2022にエネルギー環境研究所IEERは、核兵器撤廃の国際キャンペーンで、核兵器実験の健康及び環境へのインパクトについての、一連の短報を発表した。そのうちのいくつかの著者はアルジュン・マクジャニであり、他は、ティルマン・ラフ博士で、彼は核戦争防止のための国際物理学者連合の共同代表である。それらは以下のウエブからダウンロードできる。

https://ieer.org/resource/disarmamentpeace/articles-on-the-health-and-environmental-impacts-of-nuclear-weapons-testing-at-the-major-test-sites/

20　ANL2007；pdf版の56ページ　13に同じ

21　Zerriffi　1996；3ページ

機で行われてきました。225kgのトリチウム在庫量の年間の壊変割合に基づくと、追加量は、年間ほぼ13kgです。冷戦終結時での在庫量75kgに基づけば、年間の交換トリチウム量は約4kgです。もちろん、他の核兵器保有国も核兵器のためのトリチウムを生産しています。従って,全世界の在庫量としては、200kg位が、現実的な推測値ではないかと考えます。

原子力発電所や核兵器製造用原子炉以外の、主要なトリチウムの現存量は、次のように集約されます。

・生成と壊変が平衡状態にある天然の現存量は、約3kgで、放射能としてはおおよそ3千万キュリー（111京ベクレル）です。

・大気圏核実験で残っているトリチウムは約20kg、大雑把には2億キュリー（740京ベクレル）で、その90%は海洋にあり、1%が大気中にあります。残りは大陸の水（表層水と地下水）中です。ここでは見積もりませんが、地下核実験によるかなりの量のトリチウムも存在します。

・核兵器保有国の核兵器製造に伴って発生したトリチウム量を見積もるのは困難ですが、1990年代からの一般公開されている公式情報によれば、その量は、天然存在量と核実験で生成した量の合計よりも大きいと思われます。その正確な量の見積もりは本書の目的から外れますが、このトリチウムのいくらかは環境中に放出されています。

原子炉内での反応
中性子がリチウム6原子核に衝突し、トリチウムとヘリウム4を生成

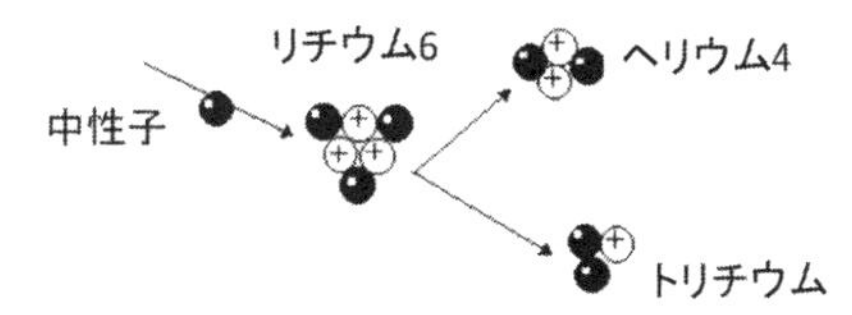

加速器での反応
中性子がヘリウム3原子核に衝突し、トリチウムと陽子を生成

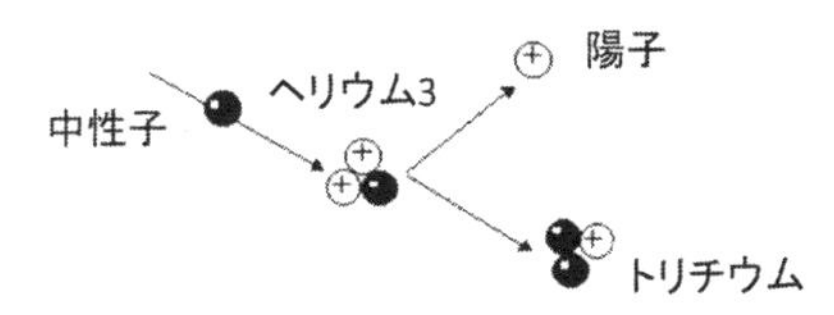

図 II-2　トリチウムの生成プロセス
出典：Zerriffi 1996

c　原子炉におけるトリチウムの生成

トリチウムは原子炉あるいは加速器で生成されます。原子炉では、トリチウム生産の基本技術は通常、リチウム-6を照射管に置き、中性子を照射することです。米国では、核兵器のためのトリチウムは、2003年からテネシー川流域開発公社が所有する民間の原子炉で生産されてきました。トリチウムの加速器による製造は、大規模なスケールでは実証されてはいないのですが、加速器技術の新しい利用法であり、ヘリウム-3を中性子で照射する方法です。2つの基本的な核反応を図II－

2[22]に示します。

原子炉は、核兵器用であれ民間用（あるいはその両者）であれ、核分裂生成物として、また冷却水の放射化生成物として、トリチウムを生成します。重水冷却原子炉や減速型原子炉は、冷却と中性子の減速に〝軽水〟（もしくは単に通常の水という）を使う原子炉と比較して、より大量のトリチウムを生成します。重水を用いた原子炉で最も著名なのは、カナダやインド、それに他の数カ国で使われているCANDU型原子炉です。重水を用いる原子炉が大量のトリチウムを生成するのは、重水素の原子核が単に1つの中性子を捕獲しただけでトリチウムを生成するからです。CANDUで生成したトリチウムは、商用目的で分離されています。

軽水炉で生成されるトリチウム量は、みな同じではありません。原子炉の型や大きさに依存します。加圧水型原子炉（PWR）では、環境に放出されるトリチウムの大半は、中性子がボロン（ホウ素）やリチウムと核反応を起こすことで生成されます。ホウ素は核燃料の核反応の割合を制御するために、一次冷却材に加えられ、リチウムは腐食を制御するために加えられます。沸騰水型原子炉（BWR）では、このようなことはありません。ホウ素やリチウムは一次冷却水には加えられません。一次冷却水は、核燃料中での核分裂反応により発生する熱を取り除くための水です。沸騰水型原子炉（BWRs）では、水は原

22　DOE（米国エネルギー省）ファクトシート「トリチウムとは何？」から転載

子炉圧力容器の中で沸騰します。加圧水型原子炉（PWR s）では、圧力容器内の水（一次冷却水）は沸騰しません。高圧の一次冷却水は、蒸気発生器と呼ばれる装置の中で二次冷却水に熱を移すことで、二次冷却水を沸騰させます。凝縮ループは、その蒸気を水に戻す第3の冷却ループです。原子炉からの定常的なトリチウム放出は、主として原子炉の一次冷却水からのものです[23]。

トリチウムはまたPWRやBWRの燃料棒の中で、3重核分裂（核分裂により3つの核分裂片が生成）により生成します。このうちのわずかな部分だけが、他の核分裂生成物とともに、燃料棒にある非常に小さなひび割れや穴から一次冷却水に漏洩します[訳注2]。PWRの冷却水は、化学処理、体積処理や放射能を減らすために常時取り出されています。そのほとんどは原子炉圧力容器中に戻されます。化学処理は、主として、核燃料の反応性が時間とともに減少するので、ホウ素の量を減らすためのものです。原子炉の一次冷却水中に漏洩する核分裂生成物のいく分かは、冷却水をイオン交換樹脂フィルターに通すことで取り除きますが、水と化学的性質が同じトリチウム水には役に立たず、トリチウム水はフィルターを通り抜けてしまいます。冷却水の一部は、原子炉圧力容器に戻されず、保存タンクに保存されます。それは核産業界やNRC（米国原子力規制委員会）によって、トリチウム濃度が〝安全〟と見なされるレベルまで処

23　重水炉は水の単位重量あたりで多くのトリチウムを生成する。電気出力900Mweあたり1年間に1.9グラムで、約19,000キュリー（703テラベクレル）に相当。IRSN 2010の4ページから引用。

理され、希釈されたあと、定期的に放出されます。一次冷却水のバランスを保つために保存タンクに引き込まれた水を補う量の真水が加えられます。

全体として、PWRにおけるトリチウムの年間生成量は変動します。フランスのPWRの場合、900メガワットの原子炉では0.03g（約300キュリー：11.1兆ベクレル）/年のトリチウムを、1,300メガワットの原子炉では年あたり900キュリー（33.3兆ベクレル）のトリチウムを生成します[24]。しかし米国では、アルゴンヌ国立研究所の見積もりによると、典型的な原子炉では年あたり2g、約20,000キュリー（740兆ベクレル）のトリチウムを生成します[25]。

原子炉の使用済み燃料が貯蔵される、使用済み燃料プールの中にもトリチウムは存在します。使用済み燃料は、原子炉から水路を通して貯蔵プールに移送されるので、原子炉の中の水とプールの水とが移送の間に混合します。PWRの使用済み燃料プールはまた、ホウ素も含みます[26]。使用済み燃料中には、プルトニウム-240などがあり、それらの自発核分裂[訳注2-6]により中性子が発生しています。その結果、トリチウムが使用済み燃料プール中で生成されます。最近では原子炉からの定常的なトリチウム放出は、主に使用済み燃料プールからです[27]。

プールで生成されるトリチウムの量は、明らかにプールに

24　IRSN2010；4ページ
25　ANL　2007；pdf版の56ページ
26　BWRの使用済み燃料プールにはホウ酸塩は含まれない。NRC2006の5ページに記述
27　Sejkora 2006とSandike　2014

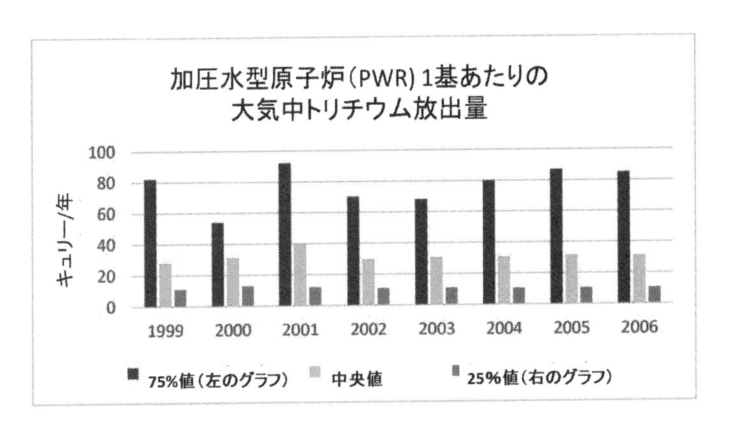

図 II-3　米国の加圧水型原子炉からの年間大気中トリチウム放出量
出典：Jones circa 2007

訳注：1キュリーは370億（10^8）ベクレル
75%値とは、小さい順から75%目の値
中央値とは、全データの中央の値
25%値とは、小さい順から25%目の値

保管されている使用済み燃料の全量に依存します。それはまた、燃料の燃焼度（バーンナップ）—燃料から取り出されたエネルギーの量—に依存します。燃焼度が高ければ高いほど、使用済み燃料中のプルトニウム-240の濃度は高くなります。プルトニウム-240は自発核分裂し、中性子を放出するので、臨界[訳注2-7]を防ぐために、PWRの使用済燃料プールにはホウ素が加えられます-これは連鎖反応が起こるのを防ぐためです。使用済燃料プールのトリチウム濃度は、燃料補充のサイクル時間ごとに変わり、どのくらいの量の使用済燃料が、プールに存在しているかにも依存しています。PWRの使用済燃料プール中のトリチウム濃度は変動し、1リットルあたり20～50マイクロキュリー（74万～185万ベクレル）です[28]。使用済燃料は熱いので、プールの水も熱く、プールの水は蒸発し、大気に放出されます。空気中の水蒸気と同様に、雨となって降下し、再び蒸発するか、地下水に浸み込みます。プール水のトリチウム濃度と、米国の飲料水摂取基準値とを比較すると、放出される濃度がどれほどのものか分かります。プール中の濃度が1リットルあたり20マイクロキュリー（74万ベクレル）とすると、米国の飲料水摂取基準値の1千倍です。

図II-3は、米国のPWR炉と使用済燃料プールからのトリチウムの大気放出量（一般にはトリチウム水蒸気の形で）を示しています。しかし放出はこれらの値を超えます（以下を参照）。

d　トリチウムの2次的な発生源

トリチウムはまた、それが作られた場所ではない多くの場所で見出されます。例えば、電気のない場所での蛍光サインとして、出口サインに用いられています。時計の蛍光塗料にも用いられます[訳注2-8]。それらがごみ処理場に廃棄されると、ごみ処理場がトリチウムで汚染されます。トリチウムはごみ処理場から水媒体を含む環境に流れ込みます。

トリチウムは、核兵器製造工場にも存在しています。それらの場所での放射性廃棄物処分場には大量のトリチウムが存在

28　Sandike　2014；10枚目のスライド

していて、定常的に河川や地下水に流出しています。米国のサウスカロライナ州にあるサバンナリバー核施設のように、汚染した地表水からの蒸発により、トリチウム水は環境中の大気や雨に入り込みます。同様に、汚染した池や湖は、地下水汚染の原因となります[29]。

訳注

訳注2-1　トリチウムガスと呼ばれるものの化学形は通常はHTで、T_2で存在することはほとんどないが、水爆などに用いられるトリチウムガスの純度はかなり高くT_2で存在する割合が非常に高い。トリチウム水も化学形は通常はHTOで、T_2O水は環境中にはまず存在しない。

訳注2-2　水素は非常に小さな原子なので、チャンネリングといって、クラックや穴がなくても、生成したトリチウムガスが核燃料被覆管などの結晶格子を通り抜ける現象も存在する。

訳注2-3　放射能強度の単位としてキュリーは、今も米国では一般的だが、ヨーロッパ諸国やアジア諸国では、ベクレルが一般的である。

訳注2-4　軽い水（通常の水）は重い水（重水やトリチウム水）より早く蒸発したりするので、こうしたほんのわずかな分子量の違いに基づいて、水の起源を調べたりもできる。

訳注2-5　トリチウムは水素爆弾（水爆）の原料である。

訳注2-6　自発核分裂とは、外部からの刺激なしに自然に起こる核分裂のことで、ウランやプルトニウム、アメリシウムなどの重い原子核で起こる。

訳注2-7　臨界とは、原子核分裂の連鎖反応が一定の割合で継続している状態。

訳注2-8　トリチウムは日本でもかつて時計の蛍光塗料中に用いられていたが、現在では使われていない。

訳注2-9　地下核実験も禁止した包括的核実験禁止条約（CTBT）が1996年に国連総会で採択された。

29　Makhijani and Boyd 2004；第3章はサバンナリバー施設でのオフサイト環境トリチウム濃度について詳述。

第３章　環境へのトリチウム放出と環境中トリチウム濃度

核実験以前は、雨水中のトリチウム含量は、1リットルあたり16ピコキュリー（0.59ベクレル）でした。雨水は、大気圏核実験以来、トリチウムで汚染されました。最大濃度は1963年で約1000倍以上、1リットルあたり約16,000ピコキュリー（590ベクレル）でした[30]。トリチウムの壊変と、雨の地表水による希釈は、海水による希釈も含めて、数十年にわたって濃度低下をもたらしました。天然及び核爆発実験により生成した雨水中トリチウムの量は、現在は核実験以前のレベルに戻っています。

天然及び核実験起因の地表水中トリチウムは、1リットルあたり30ピコキュリー（ほぼ1ベクレル）程度ですが、110ピコキュリー（ほぼ4ベクレル）程度までになることもあります。濃度は場所により変わりますが、トリチウムの別の発生源がなければ、蒸発や通常のトリチウムを含まない水との混合、トリチウムの崩壊により、濃度は時間の経過と共に減少します。

図III-1は1955年から1990年までの雨や雪などの降水中トリチウム濃度の変動を示しています。図の左四角には、核の時代が始まる以前のトリチウム濃度（1リットルあたり0.1～0.6ベクレル　或いは3～16ピコキュリー）を示し、右四角は2008年の濃度（1リットルあたり1～4ベクレル　或いは27～108ピコキュリー）を示しています。これらの濃度は半減期12.3年でのトリチウム減少で、2020年までに約半分に減少しています。

図III-1は降雨中のトリチウム濃度が少なくとも1985年以

30　トリチウムに関するIAEA報告書　63～64ページ

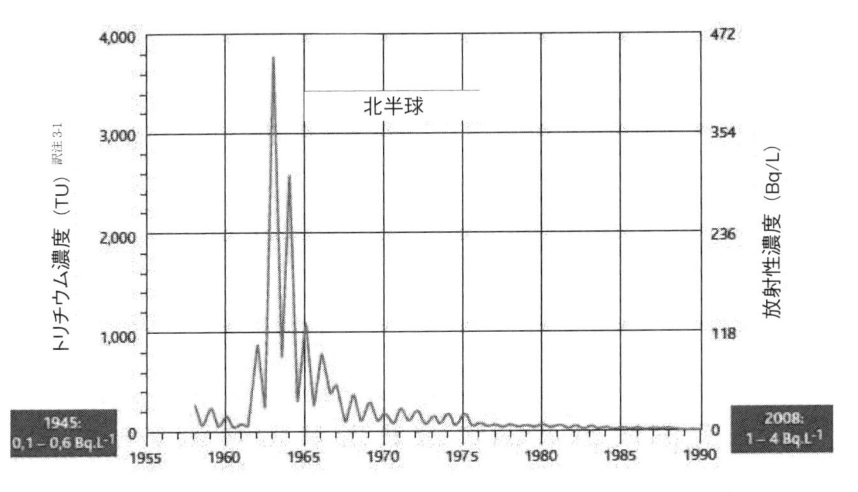

図 III-1　北半球における天然起因及び核爆発実験起因による降水中のトリチウム濃度変動[訳注3-1]

出典：IRSN 2010, 5ページ

曲線は北半球大陸の降水中平均トリチウム濃度

出典：IAEA Isotope hydrology, 2006

左軸濃度単位のTUは、トリチウム・ユニット

降は1リットルあたり100ピコキュリー（3.7ベクレル）以下となっていることを示しています。対照的に核産業界の情報源ではバックグラウンド放射能として1リットルあたり100～300ピコキュリー（3.7～11.1ベクレル）を挙げる傾向があります。例えばエンタジー社のケン・セイコラ氏は、2006年の発表でこの数値を示しています[31]。より高い濃度をバックグラウンドとみなすことは、たとえそれが原子力発電所からの排出や放出によるものであったとしても、結果的にバックグラウンドとみ

31　Sejkora 2006　スライド6

なすことになってしまいます。さらにもし実際の典型的な降雨中トリチウム濃度である1リットルあたり20～30ピコキュリー（0.7～1.1ベクレル）を用いるならば、環境への人為的な影響を検出するためには、最小の検出限界値はそのレベルかそれ以下としなければなりません。特に、原子力発電所起因の汚染、すなわち原子炉や使用済み燃料プール、低レベル放射性廃棄物処分施設などからの汚染について、正確に推測することは可能だと思います。原子力発電所事業者は実際にはもっと高い検出限界を設定しています。

地下水中のトリチウム濃度はもっと変動し、より大きく核実験の影響を受けているかもしれません。すなわち地表水のレベル（1リットルあたり20～30ピコキュリー：0.7～1.1ベクレルか、時にはもっと低い）から、大雑把に1リットルあたり100ピコキュリー（3.7ベクレル）まで変動します。上記の数値は中緯度帯でのもので、熱帯地方ではもっと低いです[32]。

a　原子力発電所からの大気放出と降雨降雪中のトリチウム汚染

トリチウムの比放射能[訳注3-2]は非常に高く、1gあたりほぼ1万キュリー（370テラベクレル）です。このことは、1gのトリチウムは、毎秒ほぼ400兆の壊変をすることを意味しています。その結果として、非常に少量のトリチウムでさえ、大量の水を汚染します。例えば、ティースプーン1杯の水の1/5

32　Maresova et al.　2017

である1グラムのトリチウム水（HTOとして）中のトリチウムは、ほぼ5,000億リットルの水を米国の飲料水基準であるリットルあたり2万ピコキュリー（740ベクレル）に汚染します。トリチウム水は化学的には普通の水ですが、トリチウムは放射性なので、非常に有害な汚染物質であり、封じ込めが難しく、ひとたび水に入ると、微量であっても取り除くのは非常に困難、と言うより実質的に不可能です。

トリチウム水に加えて、トリチウムはまた有機分子に蓄積され、人体組織に蓄積されます。炭素－水素結合の水素に置き換わったトリチウムは取り除くのは困難で、非交換型の有機結合型トリチウム（OBT-Organically Bound Tritium、組織結合型トリチウムとも）と呼ばれます。動物での研究の結果は、哺乳類の体内中トリチウム水の1～5%は、こうしたルートでOBTに取り込まれる事を示しています。

トリチウム水が灌漑水として利用されると、植物の分子中に有機結合されます。食物を通しての有機結合型トリチウムの直接摂取は、トリチウム水の飲用よりも、人体の生体分子中に有機結合型トリチウムとして取り込まれやすいのです。しかし「有機結合型トリチウム」という用語は、代謝プロセスでは（トリチウム水とは）異なる挙動をする異種の化合物の総称であることを覚えておくことが重要です。

トリチウム水（HTO）と有機結合型トリチウム（OBT）は、両者とも胎盤を行き来し、成長中の子宮内胎児を被ばくさせます。それ故に、先天性異常や流産などのリスクが増大します。この章で論じられるトリチウムの化学形は、特に言及がなければ、トリチウム水か有機結合型トリチウムかのどちらかです。

> 環境中でのトリチウムの最も普通の化学形は、トリチウム水で、水素の一つの原子がトリチウムに置き換わっている（HTO）。この本では、放出や汚染等に使われる「トリチウム」という言葉は、特に断わりがなければ、トリチウム水（HTO）を示す。

大気圏内核実験が終わった後の、主な新しい日常的なトリチウムによる水質汚染源は、使用済み核燃料プールを含む原子力発電所からの大気と地表水への放出と、再処理工場からの排出です。

原子力発電所からの日常的放出による地表水系の汚染は、1リットルあたり数百から数千ピコキュリー（数ベクレルから数十ベクレル）に及びます。降雨はより汚染されている可能性があります。降雨中のトリチウムレベルは、バックグラウンドの1リットルあたり数十ピコキュリー（1ベクレル前後）近くから数万あるいは数百万ピコキュリー（数百ベクレルあるいは数万ベクレル）に及びます[33]。ピーターソンとベイカーによる1985年の調査では、加圧水型原子炉（PWR）の1,000メガワット電気出力（MWe）[100万キロワット］で、通年82%稼働率で、約780キュリー（29テラベクレル）のトリチウムを放出すると見積もっています。そのうちの85%（663キュリー：25テラベクレル）は水系への放出で、残り（107キュリー：4テラベクレル）は大気への放出です。廃液は一括して、しばしば地下のパイプを通して湖や川や海へ放出されます。そのようなパイプで漏洩が起こ

33　Sejkora 2006

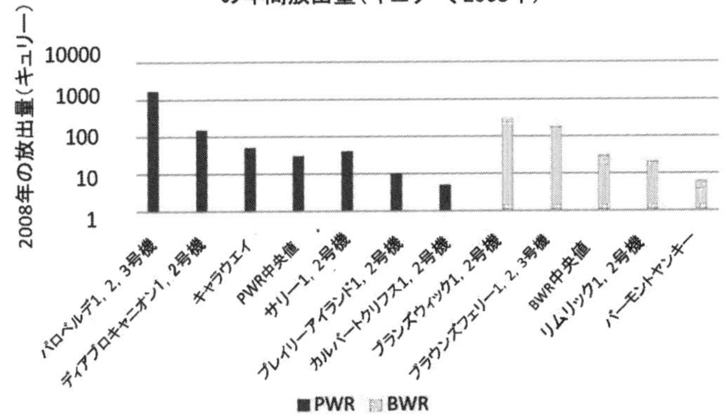

図 III-2　大気中へのトリチウム年間放出量、2008 年
出典：NAS-NRC 2012 図 2.4

訳注：1 キュリーは 370 億（10^8）ベクレル
訳注：左から 7 つが PWR で、右から 5 つが BWR

ることがあり、漏れが発生すると土壌や地下水が汚染されます。沸騰水型原子炉（BWR）ではホウ素は水に加えられないので、冷却水中ではホウ素－中性子反応は起こりません。

BWR でのトリチウム生成は、主として原子炉内での 3 重核分裂の結果として発生します。ピーターソンとベイカーの調査では、電気出力 1,000MWe は、1 年あたりで 120 キュリー（4.4 テラベクレル）のトリチウムを環境に放出し、そのうち 75％は大気放出で、残りの 25％は液体での放出です。一次冷却水を運ぶ地下のパイプがある BWR 原子炉では、漏洩もまた起こります。いくつかの発電所では、トリチウムは使用済み核燃料が置かれた冷却プールから漏洩します。

ベイカー研究の推定値はあくまでも参考値としてとらえるべきです。実際にはトリチウム放出は原子炉ごとに大きく変動します。図 III-2 は、米国の PWR 原子炉及び BWR 原子炉からのトリチウムの大気放出を示しています。

図 III-2 から、米国の原子力発電所からのトリチウム大気放出に関して以下の結論が得られます。ただし、放出量は年ごとに変動し、示された図はある 1 年のデータです（この章のセクション b を参照のこと）：

1　平均して、PWR は BWR より多くトリチウムを放出します。これは原子炉の運転の過程で、BWR よりもより多くのトリチウムが PWR で生成されるからです。しかし放出量が低い PWR 原発群と比較すれば、PWR サイトより多くのトリチウムを放出する BWR サイトも存在します。図には示されていませんが、ホープクリーク原子力発電所（BWR 炉）[訳注 3-3] は、2008 年にはそれほどトリチウム水蒸気を放出しませんでした。

2. PWR の間での相違は非常に大きいです。原子炉 1 基からの最大の放出は、アリゾナ州にあるパロベルデ 1 号機からのもので、2008 年には約 900 キュリー（33 テラベクレル）の放出で、メリーランド州にあるカルバートクリフス 1 号機からの放出量 30 キュリー（1.1 テラベクレル）に較べると大きいです。その違いは原子炉の設計や運転特性（一次冷却水の化学的性質など）の違いに起因します。

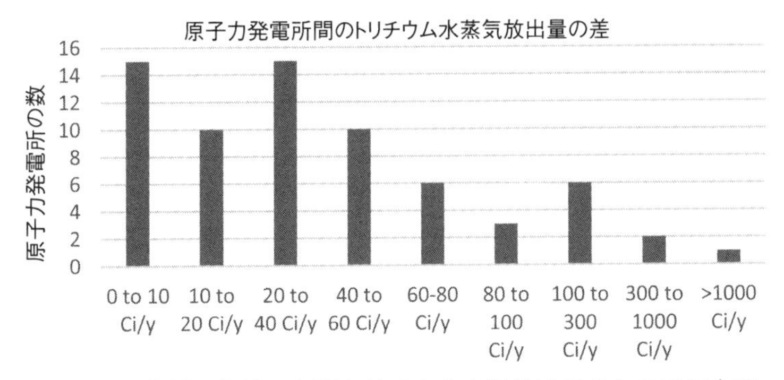

図 III-3　米国における年間トリチウム大気放出量ごとの原子力発電所数

出典は Sandike 2014 スライド 21

訳注：1 キュリーは 370 億（10^8）ベクレル

図 III-3 は、2012 年におけるトリチウム放出量の差異を示しています。その幅は非常に大きく、年間 10 キュリー（0.37 テラベクレル）以下から 1,000 キュリー（37 テラベクレル）以上に及ぶことを示しています。低い側の数値は主に閉鎖された原子力発電所に当てはまりますが、稼働中のものも含まれます。

大気へのトリチウム放出は、雨や雪、地域の水系のトリチウム量に影響を及ぼします。それらのすべては、自然レベルや核実験の残留レベルを超える汚染をもたらす可能性があります。

2006 年に、ピルグリム原子力発電所の所有会社である北東エンタジー原子力会社のケン・セイコラ氏は、1 日あたり 1 キュリー（370 億ベクレル）連続放出した場合の雨水中トリチウム濃度を解析した結果を発表しました。その推定では、原子力施設やその周辺の雨水中トリチウム濃度は、降雨率や（雨粒の大きさや微小な霧としての）雨のタイプ、その時の風が微風かそうでないか、に依存します。1日に0.4インチ（1cm）の降雨についての2つのシナリオが示されています。水中トリチウム濃度が飲料水の摂取基準値である1リットルあたり20,000ピコキュリー（740ベクレル）となる場合と、穏やかな大気の状態で霧状の雨の場合は3,600万ピコキュリー（133万ベクレル）、飲料水の摂取基準値の1,800倍となる場合とです[34]。

ニュージャージー州にあるホープクリーク原子力発電所で、降水中トリチウム濃度の非常に高い測定結果があります。そのサイトにあるのはBWR原子炉1基です。2015年につららの融水が1リットルあたり1,000万ピコキュリー（37万ベクレル）のレベルでトリチウム汚染されていることが発見されました。これは飲料水の摂取基準値の500倍です。以下はその記述です。

> 2015年2月18日にPSEG社[訳注3-4]は、ホープクリーク原子力発電所のタービン建屋の北端でのつららからの融水を見つけ、2月19日に地下水モニタリング井戸BYでトリチウムが検出された原因を特定するための継続的な評価の一環として、その融水を採取した。PSEG社はその試料を分析し、3月3日に、融水のトリチウム濃度は1ミリリットルあたり0.01マイクロキュリー（1リットルあたり1,000万ピコキュリー：37万ベクレル）であると確認した。

34　Sejkora 2006

> 3月4日にPSEG社は、ニュージャージー州の環境保護局の原子力工業部門に、NEI 07-07「工業用水保護イニシアティブ」[訳注3-5]に則り、報告を行った[35]。

その発見は、トリチウムによる地下水汚染の原因を探る研究の結果です。降雨や降雪以外の原因は見出されていません。

> 2013年後半に、PSEG社の地下水モニタリング計画において、ホープクリーク原子力発電所の事務所建屋の角近くにある敷地内浅地層井戸（BY）でトリチウムを検出した。その建屋は管理区域内にあり、部外者が近づくことはできない。その時のPSEG社の評価では以下のように結論づけている。検出された放射能は、ガス状放射性放出物の降雨による沈着（ウオッシュアウト）で捕捉されたものである。なぜなら、1）その場所の近くには、いかなるトリチウム源（パイプとかタンクとか）も存在していない、2）いかなる漏洩などの証拠もない、3）井戸水の濃度は、同じ時期でのガス状放射性放出物と良く同期している[36]。

そのような高濃度な降雨があったことは、高濃度の不規則な放出があったことを示している可能性があり、放出がモニタリングにより適切に検出されているのだろうかという疑問を生

35　Dentel　2015
36　Dentel　2015　19ページ

じさせます。上に記したように、報告された2008年の大気放出量はそれほど多くはありません。もしホープクリーク原子力発電所が発生源であった場合には、トリチウムの放出の年変動が大きいことを示しています。

ホープクリーク原子力発電所のすぐ近くには、別の原子力発電所が存在しています。セーラム原子力発電所で、2基のPWRを有しています。NRCの資料では、濃度の高いトリチウムを含む降雨が、ホープクリーク原子力発電所からのものか、セーラム原子力発電所からのものか、それとも両者からのものか、明らかにしていません。

まとめると、原子力発電所からの大気放出による敷地外のトリチウム汚染には、2つの直接的な発生源があります。

・大気放出は、トリチウムを含む降雨・降雪によって、敷地内や原子力発電所周辺を汚染する。
・大気放出は、サイトの地下水を汚染し、その汚染がサイト外に移動する。

溶けたつららの1リットルあたり1,000万ピコキュリー（37万ベクレル）という濃度は、上に記した使用済み核燃料プールの1リットルあたり2,000万から5,000万ピコキュリー（74万から185万ベクレル）以上という濃度に匹敵します。

NRCは、飲料水や灌漑水に用いられるオフサイト（敷地外）の私有地内井戸のモニタリングを義務付けてはいません。時にはひどい汚染状況である雨や雪のモニタリングにしても同様です。EPA（米国環境保護庁）は、国内で放射性核種のモニタリングを行いますが、原子力発電所近くの降雨に焦点をあててはいません。さらに、原子力発電所近くに井戸を所有する一般人は、通常その井戸水の放射性核種を測定しません。EPAの飲料水摂取基準は、公の水道系に対してのみ適用され、個人の井戸には適用されません。その目的は、個人の井戸の所有者が負担すべきモニタリングに必要な費用を節約することでした。しかし、これが抜け穴となって近くの原子力発電所からのトリチウム放出による井戸の汚染を許すことになってしまいました。

降雨や融雪水は地下水に浸透し、それを汚染します。さらに放出が定常的で湿潤な気候なら、土壌の空隙は水を保持し、汚染が継続します。敷地内の地下水汚染は敷地外へ移動します。イリノイ州のブレイドウッド原子力発電所敷地からのトリチウム汚染は、敷地外の私有地井戸に拡がり、ある場合には、1リットルあたり1,000ピコキュリー（37万ベクレル）を超えていました[37]。降雨や降雪に加えて、敷地内地下水のトリチウム汚染は、いくつかの原子力発電所で実際に起こったように、漏洩による可能性もあります。

たいていの米国内原子力発電所では、飲料水の摂取基準である1リットルあたり2万ピコキュリー（740ベクレル）を超えるレベルのトリチウム漏洩が発生しています。NRCは以下のように記述しています。

2017年に稼働していた米国内原子力発電所は61カ所である。

37　NRC　2005

表 III-1　地下水のトリチウム濃度が最大で 100 万 pCi/L（37,000 Bq/L）を超える米国の原子力発電所

原子力発電所名	最大濃度 pCi/L	発生年月	2017 年の濃度 pCi/L
ブラウンズフェリー	7,520,000	2015 年 1 月	3,493
ブランズウィック	19,000,000	2010 年 12 月	280,943
キャラウェイ	1,600,000	2014 年 7 月	1,944
ドレスデン	10,312,000	2014 年 7 月	251,000
ドゥエインアーノルド	2,150,000	2012 年 10 月	2,700
グランドガルフ	2,240,000	2014 年 3 月	3,200
ハッチ	6,840,000	2011 年 9 月	22,000
インディアンポイント	14,800,000	2016 年 9 月	200,000
リムリック	3,950,000	2009 年 2 月	369
ラサール	1,230,000	2010 年 7 月	11,000
ミルストン	4,000,000	2007 年 11 月	7,690
オイスタークリーク	10,000,000	2009 年	2,250
パロベルデ	4,200,000	1993 年 3 月	検出限界以下
クアドシティズ	7,500,000	2008 年	157,000
リバーベンド	1,135,000	2013 年 2 月	690,000
セーラム	15,000,000	2003 年 4 月	41,400

出典：　NRC2017

記録によれば、それらの内の 43 カ所の敷地内では、1 リットルあたり 2 万ピコキュリー（740 ベクレル）かそれ以上の漏洩又は流出が一回以上発生したことがある。6 カ所の敷地内では、現在も 1 リットルあたり 2 万ピコキュリー（740 ベクレル）を超えるトリチウムの漏洩または流出を報告している。多くの敷地内でトリチウムを含む漏洩があるが、敷地外環境では、現在のところ、1 リットルあたり 2 万ピコキュリー（740 ベクレル）を超えるトリチウムは検出されていない。トリチウムは環境中で急速に分散し消散するので、その結果、漏洩又は流出したトリ

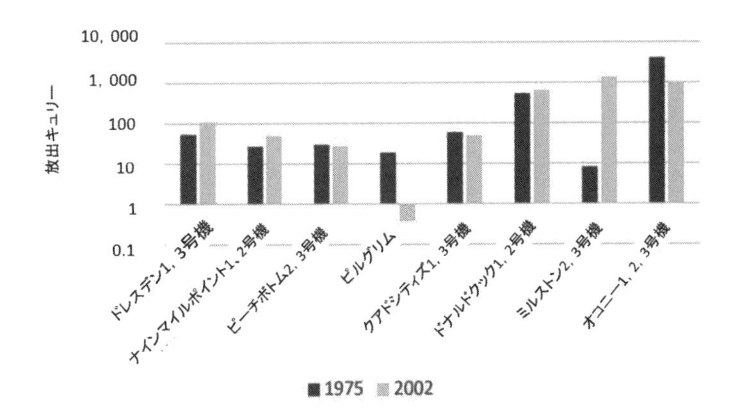

図 III-4　いくつかの原子炉からのトリチウム水放出量（1975 年及び 2002 年）

左側の5つがBWR、右側の3つがPWR
出典：NAS-NRC 2012 の 2 章 図 2.10、単位はキュリーに変換。

訳注：1 キュリーは 370 億（10^8）ベクレル

チウムは、敷地境界の外では検出されない[38]。

これらの原子力発電所の内、16 発電所では、1 リットルあたり 100 万ピコキュリー（3.7 万ベクレル）以上の最大地下水中トリチウム濃度を示し、通常はその濃度はピーク時以後かなり減少します。それを表 III-1 に示します。

この表は、PWR 炉と BWR 炉とが混ざっていることに注意してください。敷地に一つの原子炉がある場合と 2 つ以上の原子炉がある場合があります。トリチウムが高濃度なのは、漏洩

38　NRC　2017

表Ⅲ -2：３つの原子力発電所における地表水と飲料水中トリチウム濃度（2016 年）

原子力発電所	年	地表水	飲料水
ブレイドウッド	2016	460	488
コマンチェピーク	2016	12,925	検出限界以下
オコニー	2016	4,285	317

出典：Exelon 2017, Vista 2017, Duke Energy 2017

注記：表の測定値は、測定誤差が大きいのと、検出限界値が高い値に設定されているので、注意して解釈すべきです。
検出限界以下の測定値は、通常は数値の前に“＜”を示して表記されますがこの表のどの値にもそのような注意はありません。

や流出によるものです。この NRC の出典資料は、降雨起因による地下水汚染については記述していません。

b　水域への排出と地表水及び飲料水中の濃度

原子炉はまた、日常的にトリチウムを、河川や湖や海の水系に放出します。主要な源は、トリチウムや少量の他の放射性核種を含む一次冷却水です。図 III-4 は、米国 NRC（原子力規制委員会）が調査を始めてから、いくつかの原子炉からの液体排出物中のトリチウムの放出量を示しています。数十年離れての放出に、特別な増減の傾向はないことが明らかです。

トリチウム放出の結果、地表水はトリチウムで汚染されます。その濃度は広範に変動し、放出が発生した水系における水の体積に依存し、水系の性質や放出の量に依存します。利用可能な情報を説明するために、米国の３カ所の原子力発電所にお

表III-3：4つの原子力発電所近くの飲料水処理施設等での飲料水中トリチウム濃度（2008年）

原子力発電所	濃度範囲 (pCi/L)	平均値	発電所からの距離	コメント
マクガイア1&2号機 (ノースカロライナ州)	697～2290	1460	3.3マイル	北メクレンブルグ水処理施設
オコニー1.2＆3号機 (サウスカロライナ州)	298～370	340	13.9マイル	アンダーソン水工場
ボーグル1&2号機 (核兵器工場、サバンナリバー施設の近く)	471～1040	756	76マイル	パリスブルグ水処理施設
ワッツバー1号機 (テネシー州)	394～817	606	24マイル	公共用水採取場所

出典：Makhijani and Makhijani 2009

注1：ボーグル下流でのトリチウム汚染は、ボーグル原子力発電所と米国エネルギー省（DOE）のサバンナリバー施設からの放出の混合によるものです。サバンナリバー施設のウエブサイトによれば、放出年は不明ですが、全体の放出の約64%はボーグル原子力発電所からで、残りがサバンナリバー施設からのものです。ボーグル原子力発電所と米国DOEのサバンナリバー施設両者からのトリチウム放出の流量と濃度の変動により、年変動は大きいと思われます。大気へのトリチウム放出の影響は、明確には解明されてはいません。トリチウムで汚染された降雨からの流出が濃度に影響している可能性があります。

ける2016年の環境モニタリング報告書のデータを表III-2に示します。2016年での表層水と飲料水中のトリチウム濃度（pCi/L）です。

飲料水のトリチウム汚染の先例があります。表III-3は、2006年での4例を示しています。

c　土壌中のトリチウム

土壌は、原子力発電所からのトリチウム漏洩により汚染されますし、降雨に含まれるトリチウムによっても汚染されます。土壌中の空隙には様々な量の水が含まれています。この空隙水中のトリチウム濃度は、大気中トリチウム濃度レベルに関係しています。トリチウムで汚染した降雨が、以前の濃度より高いレベルで土壌に降り注ぐと、空隙水中のトリチウム濃度は上昇します。降雨が止んだあと、土壌表面の空気水蒸気中トリチウムと、土壌空隙水中トリチウム濃度との間には、不均衡が生じます。その場合、土壌からのトリチウム水の蒸発が、近傍の大気中トリチウム濃度を上昇させます。植物は大気水蒸気と土壌中水分中のトリチウムを吸収し、その一部を、有機結合型トリチウムに変換します。

d　トリチウム放出のモニタリング

NRCは原子力発電所に対して、敷地内外での放射性核種の放出をモニタリングするよう要求しています。原子力発電所の敷地内及び敷地外でのモニタリングの結果は、毎年、それぞれ放出報告書と環境報告書として報告されます。放出報告書では、発電所運営者は各々の原子炉から放出されたトリチウムの量について、水が地下のパイプに送られる前のトリチウム濃度や放出が発生する頻度、その放出時間を含めて、毎年四半期ごとに報告するよう義務付けられています。ある場合には、2つの原子炉からの総放出量のみが測定される可能性があります。このような場合には、報告されたデータから問題を発見したり、問題の存在を推測することが困難になります。さらに上に述べたように、PWR炉からのトリチウム放出量は、大きく変動します。他の放射性核種もまた報告されます。

原子力発電所での実際の測定方法はかなり変化します。「**敷地外線量計算マニュアルガイダンスレポート**（PWR炉はNUREG-1301、BWR炉はNUREG-1302）」は、発電所の事業者に、検出限界値として、1リットルあたり2,000ピコキュリー（74ベクレル）を要求しています。その検出限界値は、もし飲料水として使われる経路がなければ、1リットルあたり3,000ピコキュリー（111ベクレル）まで引き上げられます。

たいていの発電所事業者は、より低い検出限界値（数百ピコキュリー:10ベクレル前後）を報告しますが、これらの低い検出限界は要求されてはいません。その結果、複数の発電所事業者は、単純に義務付けされている検出限界値より低いトリチウムレベルを報告しています。いくつかの場合では、検出限界値は記載されてさえいません。

さらに、トリチウムの測定は、様々な間隔（通常は月ごと）で採取された試料を合わせた試料で、四半期ごとに行われます。このことは、トリチウムが放出された時の試料（四半期ごとに多くの放出があります）と、トリチウムが放出されていない時の試料が混ぜ合わされて、四半期ごとに平均化された結果が報告されることを意味しています。この手法には2つの主な問題があります。一般に、試料が実際にいつ採取されたのか、NRC

が独自に検証することはありません。NRC（及び公衆）は、試料採取が、汚染水の放出中に採取されたものであり、放出の前でも後でもないという、原子炉運転者の言葉を信用するしかないのです。その結果、採取試料の代表性について、第三者による保証がなく、それ故、総トリチウム放出量の推定データも正確ではありません。トリチウム放出が、時には原子炉の下流水系で飲料水として使われる水域で行われることがあるため（ブレイドウッド原子力発電所のように）、この放出に関する独立した検証がないのは、特に一括抽出の場合は、問題です[訳注 3-6]。

もし、試料が採取された時が、放出の時期と重ならなければ、その試料は放出時の代表とはならず、そのような場合、総トリチウム放出量の見積もりは不正確なものとなります。いまのところ原子力発電所近くに住む住民たちにとって、放出の測定値と放出量の見積もりの正確さを検証する独立した方法はありません。このことは、トリチウム漏洩を知っていながら報告しなかったという事実があることを考えるとより重要となります。

トリチウムの深刻な汚染が降雨により発生し、飲料水の摂取基準値の数百倍のレベルとなるという証拠があるにも拘わらず、NRCは、原子力発電所の敷地内外での降雨の定常モニタリングを要求していないことは注目に値します。特に、NRCは、汚染した降雨が、1リットルあたり20,000ピコキュリー（740ベクレル）の飲料水基準を超える可能性がある場合であっても、原子力発電所の近くに住んで井戸を所有している人々に対してそれを警告するよう事業者に要求してはいません。上に述べたように原子力産業界自身が、降雨の中のトリチウム濃度が非常に高くなる可能性があると注意を喚起しているにもかかわらず、事業者に対する義務付けには現実との差が存在します。飲料水基準は年平均値であり、降雨は一時的なものであることは認めるにしても、飲料水基準は一般の基準濃度であり公衆に環境汚染を知らせるためのしきい値となるはずです。実際のところ公衆に知らせるしきい値はもっと低くあるべきです（トリチウムを含む飲料水基準の推奨改訂版については第7章を参照のこと）。

訳注

訳注3-1　図の左軸のTUはトリチウムユニットで、天然レベルの何倍であるかを表している（フランス語の原版ではUTとなっているが、国際的にはTUと表記している）。

訳注3-2　比放射能とは、ある元素またはその化合物の単位重量あたりに含まれる放射性物質の放射能を示し、SI単位ではBq/kgであるが、米国ではCi/gなどでも表記する。

訳注3-3　ホープクリーク原子力発電所は、ニュージャージー州にあるBWR型原子炉である。

訳注3-4　PSEG社はホープクリーク原子力発電所の所有会社である。

訳注3-5　NEI 07-07「工業用水保護イニシアティブ」は、2006年に、米国の商用原子力発電所が、土壌や表層水、地下水などへの予期しない放射性物質の放出を避け、関係者との連携を高めるために、米国原子力規制委員会（US-NRC）により制定された。

訳注3-6　米国の原子力発電所の多くは、河川の近くに建設され、排水を河川に放出している。

第４章　トリチウムの移行経路と体内における残留時間について

a　移行経路

トリチウムは、いったん環境に放出されると、人々に種々の経路で到達します。発生源からは、大気へ、地上表面に存在する水へ、あるいは地下水へと放出され、そこから、摂取した人や、飲料水や雨水や降雪に接した人間に直接的に影響します。さらに、土壌に染み込み、植物に取り込まれ、野菜として人や動物や魚に食される等などの非常に多くの経路をたどり、いずれ最終的には、トリチウムに汚染された食品、飲料水、空気、或いは土壌から人々は影響を受けます。図 IV-1 は、フランス放射線防御・原子力安全研究所 IRSN の文書から引用しましたが、トリチウムが環境に放出される様々な経路、とりわけ農業活動に関する経路を示したものです[訳注 4-1]。

トリチウムは、飲料水や食物や皮膚吸収でいったん体内に入ると、短い時間で、人体の全ての部位に拡散し取り込まれます。以下は、アルゴンヌ国立研究所の概要書から引用した、トリチウム水の生態内での動態に関する記述です[39]。

> トリチウムは、飲料水、食物、または吸気として、人体に取り込まれるが、さらに皮膚を通しても取り込まれる。呼吸で吸入した酸化トリチウム（トリチウム水蒸気、

39　ANL2007；アルゴンヌ国立研究所 2007 年刊行 p.56; 〝酸化トリチウム〟は、トリチウム水と同義である。

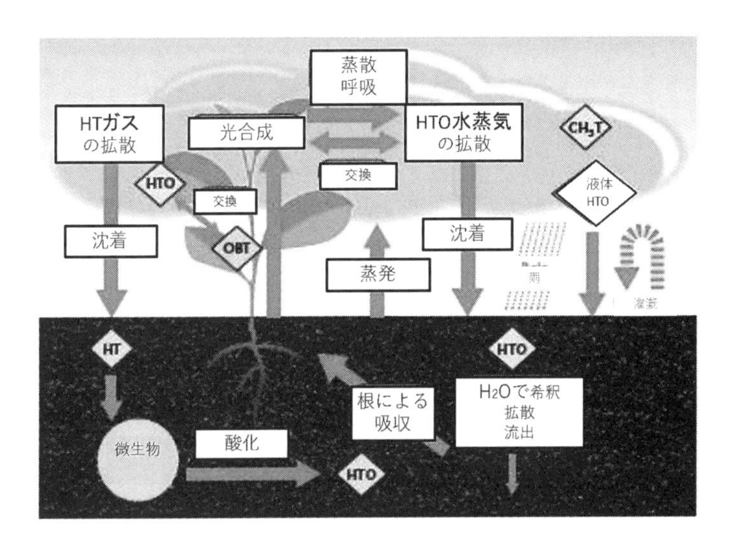

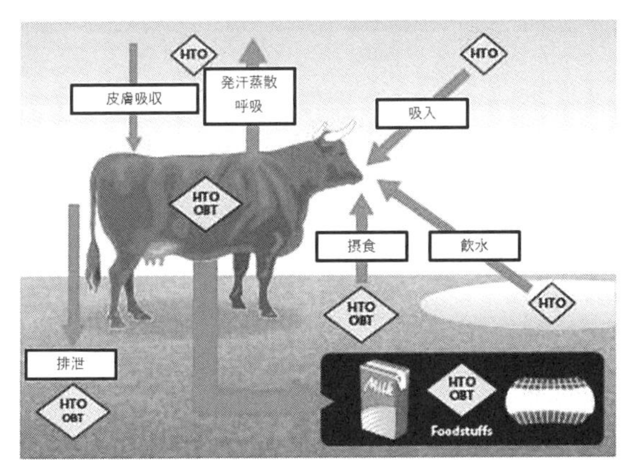

図 IV-1　農業分野におけるトリチウム移行経路の概念図
IRSN2010-9頁　許可を得て改変

HTO）は、ほとんど全て（99％まで）肺で人体に取り込まれ、血液循環で全ての組織に分配される。摂食された酸化トリチウムは、胃腸で完全に吸収されて、迅速に血流に移動し、数分も経たないうちに、身体中の体液、臓器、その他の組織に、種々の濃度で検出される。大気中の酸化トリチウムの皮膚吸収は、重要な取り込み経路である。とりわけ高温多湿の気候時等の条件で高濃度のトリチウム水蒸気に曝露されると、皮膚を通しての水の通常の移動があるために顕著な取り込み経路となる。もし大気中の酸化トリチウム（THO）の雲に包まれると仮定するならば、その時呼吸で取り込むトリチウム量の約半分に相当する量が皮膚から取り込まれている。どの様な経路で身体内に取り込まれようとも、トリチウムは1、2時間以内に、すべての体液に均等に分配される。他方、一般的な水と同じく、トリチウム水は、生物学的半減期10日で身体から排出される。

トリチウムは、すべての体液に分配されるという点に留意してください。このことは、骨のように、含水量が少ない身体の部分ではトリチウム含量は少なく、含水量が大きい部位ではトリチウム含量は多いということです。

b　滞留時間

もしトリチウムが1回だけ取り込まれたとしたならば、生物学的半減期は10日なので、大まかに1カ月間で90%が排出され、残り全ての除去は、およそ2カ月半かかります。排出されたものは、すべてが環境に戻されます。

他方、環境中にトリチウムが持続的に存在する場合は、例えば飲料水等として、徐々に身体に蓄積されます。1リットル当たり1ピコキュリー（0.037ベクレル/L）の飲料水を持続的に1日当たり1リットル飲用するとすれば、体内には1リットル当たり18ピコキュリー（0.67ベクレル/L）まで蓄積するとされます。無論、摂取量は年齢により異なります。大人の男性は、通常、標準的に1日当たり2リットルの水を摂取するとされ、これには直接水として飲用するものの他に、食物や他の飲物が含まれます。

環境や体内のトリチウムの一部は、植物や動物などの生命体の中で炭水化物になります。トリチウムは、有機化合物の構造成分として取り込まれれば、有機結合型トリチウム（Organically Bound Tritium：OBT）と呼びます。2種類のOBTが知られていますが、以下のフランス放射線防御・原子力安全研究所IRSNの優れた説明を引用します[40]。

有機結合型トリチウム（OBT）：この形のトリチウム、すなわち有機化合物の構造成分としてのトリチウムは、生体化合物の生合成過程で、種々の有機化合物に取り込まれて出来た産物である。有機化合物は、それぞれの化学的性質を反映した分布をとるので、トリチウムの生体組織内での異なった分布が説明できる。有機化合物内でのト

40　IRSN 2010；フランス放射線防護・原子力安全研究所2010年刊行 p.3

リチウムの安定性は、トリチウムの結合様式の性質に依存するが、生体組織内での異なった分布は、組織でのその有機化合物の親和性に依存する。OBT は、以下の２種が区別される。

交換型トリチウム：トリチウムが、酸素、硫黄あるいは窒素と結合している水素原子と交換した場合、さらなる新しい交換が容易である。この様な不安定な結合のトリチウムは、細胞内環境トリチウム水と平衡関係にある。

非交換型トリチウム：トリチウムが炭素と共有結合している場合、この生体分子が酵素反応で変換されたり破壊されたりしない限り、永久的な結合である。従って、トリチウムがこの形で取り込まれている時間の長さは、この生体分子が関わる代謝に依存する：エネルギー代謝に関わっている分子の場合は、比較的早く交換され、構造分子、DNA やエネルギー貯蔵分子のような高分子ではゆっくり交換する。

この様な交換機構は、全ての生物体、植物でも動物でも、共通である。トリチウム水や、交換型ないし非交換型のトリチウムの分配比は、HTO と OBT とのそれぞれの取り込み比率に依存し、OBT となる共有結合の性質と個々の種の代謝にも依存して変動する[41]。

非交換型 OBT は、交換型 OBT よりは、ずっと長い半減期を

41　IRSN　2010；フランス放射線防護・原子力安全研究所 2010 年刊行 p.3

持ちます。さらに、トリチウム水と交換型OBTと非交換型OBTのトリチウムの分配比は、種（訳注：分子種や生物種）に依存します。

c　有機結合型トリチウム（OBT）

いつ、どこで、どれくらいの量のトリチウム水が、有機結合型トリチウム（OBT）に変換されるのか、さらにOBTは生物により濃縮されるのかという問いは、複雑な検討を要するものです。トリチウム水がOBTに取り込まれる主要な経路は、植物を経る経路です。植物に取り込まれたトリチウム水は、その一部が、炭水化物を合成する光合成反応で有機結合型トリチウムとなります。その次の段階はより複雑ですが、2013年の報告文を引用します[42]。

> 光合成反応で取り込まれた非交換型OBTは、最初は炭水化物になるが、その後、代謝反応によって、より複雑な生体化合物である多糖類、蛋白質、脂質や核酸に構成成分として取り込まれる。OBTの産生量は、光量、酸素濃度、二酸化炭素濃度、温度、空気循環、水分供給などの多数の環境因子、及び植物の持つ変換効率などに左右されるが、これらの要素の全てに、日変動や季節変動がある。OBTの一部は、維持呼吸反応でHTOに戻し変

42　Kim,S.B., Baglan,N., and Davis, P.A.. 2013 J. Environ. Radioact. 126:83-91, Current understanding of organically bound tritium（OBT）in the environment. 引用は、p 85～6

換され、OBTの量的減少となるが、これは、非常に遅い過程である。環境の中では、ほとんどの植物は、OBTが総トリチウム活性中の数%となるが、穀物や干し草では、有機物含量が高く、90%近くまでになる。

植物プランクトンは、トリチウムを生物濃縮します。(以下引用文献より訳者追記)「バルト海には、大量のトリチウム水が放出され、海水が滞留して汚染度が高いとされていますが、2013年、この状況を解析するために、実験が行われました[43]。バルト海に生息する種類の植物プランクトンをトリチウム水(HTO)に曝露させてから、集めて洗浄して、イガイ(貽貝)に食料として与えた実験です」。2種の植物プランクトンが用いられましたが、両者ともHTOを細胞内でOBTに変換したものの、取り込み量と蓄積の仕方は異なっていました。植物プランクトンをイガイに食餌として与えると、臓器により取り込み量が異なっていましたが、供給量に直線的に比例してトリチウム量の蓄積が増加しました。検討結果は、以下の様にまとめられています:

トリチウム水HTOに曝露された植物プランクトンから、イガイの組織に有機トリチウムOBTが蓄積したことは、HTOが生物変換してOBTとなった後、環境内の水中濃

43　Jaeschke, B.C, and Bradshaw, C. 2013 J. Environ. Radioact. 115:28-33 Bioaccumulation of tritiated water in phytoplankton and trophic transfer of organically bound tritium to the blue mussel, Mytilus edulis.

度には関係無く、トリチウムが生物間で移転し蓄積することを示す。このことは、OBTが永続的な有機汚染物になり得るとの見解に重み付けを与えてくれる。汚染は永続的であり、かつ生物濃縮する可能性があり、トリチウムの崩壊によるベータ線の毒性を考慮すると、ひとたびHTOが放出されると、環境に大きな影響を与えることになる。従って、環境や人間を適切に守るための法制化には、この研究結果が提示した問題点が考慮されなければならないということである[44/訳注4-2]。

キム氏らの論文では、植物や果実に蓄積するOBTの濃度は、トリチウム水に晒された時間の総計に反映すると記述されています（時間-集積）[45]。植物がトリチウム水を取り込めば取り込む程、植物組織はトリチウムを蓄積します。他方、事故による放出では非平衡的な状況となり、顕著な生体蓄積を引き起こすことが、英国ウエールズで起こった生物製薬剤の放出事故で観測されました。この時、イガイや水底魚類に蓄積したOBTの濃度は、水中のHTO濃度の1000倍であったとのことです[46]。しかしながら、植物でのトリチウムの数分の1がOBTであるのに対し、一般的状況では、魚類内でのトリチウム水の濃度は、水中濃度とほぼ同じ濃度になることが、米国サウスカロライナ州のサバンナリバー原子力施設（SRS）の環境汚染に関する研究で報告さ

44　Jaeschke, B. C., and Bradshaw, C. 2013 J. Environ. Radioact. 同上．引用は、Abstract 最終9行．

45　Kim, S. B., Baglan, N., and Davis, P.A.. 2013　126:83-91, p.86

46　Kim, S. B., Baglan, N., and Davis, P.A.. 2013　126:83-91, p.87

れています[47] [訳注4-3]。この報告は、トリチウムに加え他の放射性核種や重金属の汚染も調査していますが、現時点で汚染については、多くは判らないと述べています。以下、引用します[47]。

> 当研究は、魚類組織のセシウム-137とトリチウムの濃度を報告しているが、今までの生態毒物学の研究においては、この様な記述はほとんどなかった。しかしながら、当論文が示す様に、SRSでの核物質生産の様な工業規模での事業展開においては、放射性核物質や重金属などの放出により、水圏環境系で非常に長期に渡る影響があるので、汚染物質による曝露については、長期にわたる生理学的影響や、生命圏の集団レベルでの持続的モニタリング活動が強く求められる[48]。

生態毒物学の研究があまり無いことは、環境放出についての濃度に関する記録があっても、それによる毒性がどの様に環境に影響を与えるか、特にどの様に毒性が複合的に関わってくるか等について、未だこれからの研究課題であることを示しています。

フランスのラ・アーグ（La Hague）再処理工場近郊では、長期間に渡って、トリチウム水の濃度と有機結合トリチウムの海水中の濃度が、計測されています。今まで長年大気中で核兵器

47　Yu, S. et al. 2020　Archives Environ. Contami. Toxicol. 29:131-146. Legacy Contaminants in Aquatic Biota in a Stream Associated with Nuclear Weapons Material Production on the Savannah River Site. p.135.48 Yu, S. et al. 2020　同上。引用は、Abstract 最終5行。

48　Yu, et al. 2020　同上

の実験が行われてきたという背景での海水を一般的なバックグラウンドとすると、トリチウム濃度は、約0.1ベクレル/L（2.7ピコキュリー/L）とされています。それと比較して、ラ・アーグ近郊の海水は、100倍以上高い11ベクレル/L（おおよそ300ピコキュリー/L）でした。それに伴って、ラ・アーグ近郊での海藻、魚類、貝・甲殻類のOBT濃度は、同等の高いレベルまで迫り上がり、バックグラウンド濃度の約100倍でした[49]。

有機結合型トリチウムが生物学的に重要である例としては、トリチウム化チミジンが上げられます。この化合物は、DNAに取り込まれるからです[訳注4-4]。実際、胚盤胞段階までの胎児において、トリチウム化チミジンは、同じ濃度のトリチウム水の1000倍以上の損傷をもたらすとの実験結果が得られています[50]。

この様なトリチウム化したDNA前駆体に曝露される状況においては、仮に1%のトリチウムのさらに10分の1量であっても、トリチウム水よりは高い影響を与えることになります。チミジンはDNAの前駆体であり特殊なので、すべての有機結合トリチウムが同様の影響を与えるわけではありません。しかしながら、非交換型有機結合トリチウムが与える損傷の良い事例でしょう。この様な例や研究は、放射能による影響を調べるに当たって、受ける影響の大きな変動幅や、化合物の特異的な性質を良く考慮する必要性を示しています。

胎児の組織においては、母体組織よりも平均的に高い濃度

49　ASN 2022；フランス原子力安全規制当局　2022年2月8日刊行，p.62

50　ICRP 90；p.14

のトリチウム水や有機結合型トリチウムを保持しています（第6章参照）。発生途上の胎芽や胎児が受ける健康障害についは、（例えば、初期流産、形態異常や発達に与える影響）あるいは胎児発生の重要な時期における関連臓器への影響などが考えられますが、人での影響は、おおむね判ってはいません。さらに、ストローメが述べる通り、長い生存期間を有する細胞（例えば、神経細胞や卵細胞）では、トリチウムが生体物質に取り込まれて以降の積算した放射線量としては、非常に大きな値となることも留意する必要があります[51]。

一般的に、有機結合型トリチウムが、生体内でどの様に影響するかについては、より大規模に研究することが必要とされ、とりわけ、胎芽や胎児に対する影響に付いては、より綿密な検討が求められます。この本のこれ以降の部分は、ほとんど、様々な種類の有機結合型トリチウムの特性や体内在留時間を考慮に入れていません。対象となる影響に焦点を置いた文献がほとんど無いからです。例えば、カナダ原子力安全委員会が2010年に発表した「放射線の安全性とトリチウムに関する報告書」には、この本が多く扱っているミトコンドリアについて、ひとことも単語すら出てこないのです[52]。

51　Straume, T. 1991, Health Risks From Exposure to Tritium. UCRL-LR105088.

52　Canadia Nuclear Safety Commission 2010. この報告書は、トリチウムの危険性を認めてはいるが、原子力発電所での通常の放射線曝露より桁違いに高い線量においてのみである（p. viii）。この報告書が、結論づける前に、全ての多細胞植物、動物、菌類のエネルギーシステムの中心であるミトコンドリアや細胞の代謝に与える影響を考慮していないのは驚きである。

訳注

訳注4-1　フランス放射線防護・原子力安全研究所（Institut de radioprotection et de sûreté nucléaire：IRSN）は、2002年に組織された原子力安全と放射線防護を目的とした商工業的公共施設法人で、仏政府国防、環境、研究、産業および厚生労働大臣の共同監督の下で運営されている。

訳注4-2　放射性核種や重金属などの生物への影響を評価するのに、これまで濃縮係数という値が用いられてきた。濃縮係数とは、例えば放射性核種や重金属などの水中濃度に対する生物体内中濃度の比である。水銀やカドミウムなどの重金属や放射性セシウムやストロンチウムなどは生体濃縮するが、トリチウムは水の形（HTO）では濃縮しない、というのがこれまでの学会などでの通説であったが、文献43などに見られるように、トリチウム水（HTO）に曝露された植物プランクトンを餌として与えられたイガイの組織に、有機結合型トリチウム（OBT）が蓄積したことは、HTOが生物変換して有機結合型トリチウム（OBT）となった後、環境内の水中濃度には関係無く、有機結合型トリチウム（OBT）が生物間で移転し蓄積することを示す証拠であり、これまでの水中濃度からの濃縮係数により生物影響を評価する手法は見直されるべきであろう。

訳注4-3　サバンナリバー原子力施設は、米合衆国サウスカロライナ州に存在する米国エネルギー省と国家核安全保障局が所管する核施設（310平方マイル＝803平方Km）で従業員約1万人。1950年より核爆弾用のプルトニウムとトリチウムの生産を始めたが、現在は、主に、核施設の修復活動と核物質の安全な処理・管理を図る施設。Yuらの論文[47]は、この施設と周辺の現在の汚染状況について調査した報告。

訳注4-4　生物の遺伝情報は、DNAに保持されて子孫に伝達されるが、チミン、シトシン、アデニン、グアニンの4塩基の配列が、DNAの遺伝情報そのものの本体を形成する。化学的には、これらの塩基はD-2-デオキシリボース（5炭糖）の1’の位置にグリコシル結合してチミジン（デオキシチミジンともよぶ）、デオキシシチジン、デオキシアデノシン、デオキシグアノシン等、ヌクレオシドと総称される配糖体化合物を形成して、これらの単糖の5’が隣接した糖の3’の位置にリン酸を介してホスホジエスル結合してポリマーとなったものが、一本鎖DNAである。チミジン分子単体は、分子式$C_{10}H_{14}N_2O_5$からなる分子量242.23化合物で、トリチウムに置換出来る水素が1分子に14箇所ある。

第５章　内部被ばくの危険性

電離放射線の健康影響の研究は、ほとんど、がんのリスクに焦点が絞られてきました。がん発生の枠内で、大部分が広島・長崎原爆被爆生存者のデータから、リスク予測が導かれてきたのです。本章では、放射線によるリスクは、がんリスク以外に拡大して考えるべきであり、その観点から以下の三つのことがらについて検討したいと考えます：

1　内部被ばくと外部被ばくとでの影響の違いを比較し、この違いが、最終的にどのように違った結果をもたらすかに言及します。
2　胎盤を通過し胎芽や胎児に影響を与える核種について、それらが特に、妊娠初期や妊娠中期[訳注5-1]で与えるインパクト、とりわけ催奇性影響について考察します。
3　水という形のトリチウムは、核時代にあって、浸透しやすい汚染物質であり、卵子・精子形成から老齢期まで、あまねく容易に人体中に分布するので、前述1の内部被ばくと2の妊娠期間の影響について、要因が混合した場合について、特に核種トリチウムに焦点をあてて検討します。

外部被ばくと内部被ばくや、異なった種類の電離放射線について、今日、保健物理学という学問でどのように考察されているかを見直すことは有益です。予備知識として、放射線と放射線による生物学的損傷について一般的な解説をします。この本が対象としている電離放射線は、分子を分断して，イオンをつくります。これが、電離放射線あるいはイオン化放射線と呼ばれる所以です。私達人間は有機分子から出来ていますが、電離放射線は、この有機分子を分解することが出来ます。例えば放射線とがん発生に関する研究の多くは、放射線による生物の核DNAの切断に関係します。光子やβ線は、二本鎖DNAの〝一本鎖切断〟を起こします。この切断は、通常の自然状態でも起こり、生物体内は、この切断を修復する機構を保有していて、一般的には充分正確な修復がなされます。他方、二本鎖DNAの〝二本鎖切断〟も起こり、文字通り、二本鎖DNAの両方の鎖が切断されることにより、修復はかなり複雑になります。切断されたDNAは、一箇所以上の再結合を必要としますが、間違った修復がなされる可能性が大きくなり、これが突然変異として、将来のがん発生の誘因となり得ます。あるいは、細胞死の原因となる時もあります。自然放射線も、人工活動や医療放射線によって環境に出される放射線も、同じようにこの様な電離を起こします。がん治療における放射線治療の目的は、がん細胞を殺すことなのですが、同時平行して、隣接する正常細胞にも、電離による損傷を与えるリスクがあります。

がん発生に関し、ヒトの健康保持の観点からは発がんに関する放射線量にしきい値というものはなく、固形がん発生リスクは、被ばく線量と直線的比例関係にあるということが、多数のエビデンスに基づいて導かれる最良の帰結です[53]。そのことは、自然のバックグラウンド放射線と言えども、その他の放射

53　BEIR VII Phase2、2006年全米アカデミーHealth Risks from Exposure to Low Levels of Ionizing Radiation と
EPA 2011：米国環境保護庁 EPA Radiogenic Cancer Risk Models and Projections for the U.S.Population

線源と同等に発がんのリスク源になるということでもあります。もちろん、自然放射線に発がんリスクがあるのだからといって、人工放射線による発がんリスクの増加をも許すべきということでは、当然無い訳です。

本章の焦点は、内部被ばくによる影響を検討し、外部被ばくとどの様に似ているか違うかを検討することにあります。内部と外部の被ばくの影響の違いは、トリチウムだけの問題ということではないのですが、とりわけトリチウムに関して重要な課題なのです。

a　人体を袋に入れた水とするモデル

電離放射線（言い換えれば分子を分断してしまうに充分なエネルギー）のもたらす健康リスクや損傷については、1895年、ウイルヘルム・レントゲン（Wilhelm Röntgen/Roentgen）がX線を発見して以降、徐々に理解が深まってきました。医療機関が広くX線を使用するにつれ、早くに医療従事者に健康被害が顕在化したからです[54]。当時の長時間の照射により、毛髪の喪失など、現在高線量被ばく被害として知られているような症状が見受けられました。次に、時計のラジウム夜光蛍光染料工場の女性作業員の痛ましい事例が、教訓として挙げられます。時計のダイヤルに、ラジウムを含む蛍光染料を塗る時に、筆の穂先を舐めて整えていたことで、ラジウムを直接体内に取り込み、

54　Sansare K.et al.2011 Dentomaxillofac Radiol 40（2）123-5 Early victims of X-rays : a tribute and current perception.

作業員達が顎骨ネクローシス（壊死）や骨がんで苦しむことになりました。苦痛を伴う骨壊死や骨がんを発症した作業員達が、米国ラジウム社を提訴して、やっとこの作業は禁止されました。

放射線がもたらす損傷に対する理解は、米国が第二次世界大戦で、マンハッタン計画として大規模な原子爆弾製造を開始して、加速度的に進展しました。他方、X線照射やラジウムダイヤル塗装で得られた教訓は、労働環境における被ばく限度として取り込まれました。そのような経緯で、新規の保健物理学（Health Physics）と称する学問分野が生まれました。文字通り、主に物理学者達が創造した学問分野でした。

この学問では、基本的に、人体を「袋に入れた水」として扱います。この扱いは、最初マンハッタン計画ではじまり、出発点としては理屈が通っていました。実際、成人身体の約60％は水で出来ており、胎児や新生児では若干大きな割合となります。人体は、水以外には、様々な種類の炭水化物や脂肪、タンパク質などから出来ています。元素レベルでみると、炭素、水素、酸素が主成分で、その他に数十種の微量元素がありますが、特に窒素と燐が量的に重要です。実に、身体元素の総質量の70％が二つの元素、即ち水素と酸素で占められ、残り10％が炭素です。「水の袋」モデルがどのように使われるかの例としては、身体内でイオン化の分布がどのように起るかの実験において、文字通り、人体の形をした袋に水を詰めた「水ファントム」を使って測定します[訳注5-2]。

「水の袋」モデルは、電離放射線の身体に対する主要な影響が、構成分子の分断破壊、即ち分子を電離するという側面を理解するのに便利でしょう。電離とは、放射線粒子[55]が、分子と相互作用（ないし〝衝突〟）して分子を分断することですが、電離放射線が保有していたエネルギーが、直接身体の構成分子に吸収されて起こります。〝放射線量〟は、身体の単位重量当たりに吸収されたエネルギー量の測定値です[56]。この身体に吸収された電離エネルギー量では、どの程度の電離が起こりうるのか、科学的な目安を与えてくれます。電離の量は、様々な疾患を含む特定リスクの結果を予測する指標に代用できるのではないかとも期待されます。

しかしながら、現実の放射線の影響は、当然、より複雑です。長く認識されていたことですが、複雑さの一つの要因は、放射

55　放射線エネルギーは、個別粒子によって運ばれる。電磁波放射エネルギー線は、光子と呼ばれる個別粒子がエネルギーを運ぶ。各光子は、その放射周波数に規定される特定エネルギー量を運ぶ。イオン化光子は、可視光の光子よりは遙かに高い周波数なので（即ち、エネルギー量が非常に高い）、物質分子を電離化できる。その他の電離化放射線としては、高エネルギー粒子である“β線”、高エネルギーヘリウム核である“α粒子”、陽子ビームが充分に高いエネルギーを持っている場合、中性子（間接的にイオン化する）がある。放射線の線質（種類とエネルギー）、強度、対象となる物質で放射線の効果が定まる。

56　放射線の照射量を表す線量（dose）が定義されている。“ラド（rad）”は、身体（あるいは組織）重量1グラム（g）当たり1エルグ（erg）のエネルギーを吸収した場合を1ラド（rad）と定義する。メートル法では、1kg当たり1ジュール（joule）のエネルギーを分配した場合を1グレイ（Gy）と定義する（グレイは、放射線生物学の草分け、英国の物理学者Louis Harold Gray（1905-1965）を顕彰した単位）。グレイ（Gy）もラド（rad）も同じ量を計っているが、1Gyは100radに等しく、身体が大エネルギー量を吸収するときに、もっぱらGyが使われる。身体は水が多いことから、身体（とりわけ軟組織）が吸収するエネルギーは、概ね同じ質量の水が吸収するエネルギーと同量と見なして扱う。

線の種類によって効果が異なることです。放射線は、線質の違いで、同じ線量を広領域の沢山の細胞に照射するもの（低LET［linear energy transfer：線エネルギー付与］と呼ぶ）と、小さく圧縮された領域に照射するもの（高LETと呼ぶ）とで異なった効果を与えます[訳注5-3]。同じ放射線量では、低LET放射線によるリスクは小さいが、高LET放射線を小領域で受けると、通常の修復過程が作動するチャンスは減り、突然変異等の持続的損傷が多くなります。この様な、単位当たりのエネルギー分配量で異なった生物学的損傷量を受ける場合、この違いを、生物学的効果比RBE（relative biological effectiveness）という単一の係数で把握しようと考えられてきました。〝効果比〟とは、「**損傷を起こす効力**」を表す単語です。単位線量当たりの損傷を説明するには、単位質量当たりに照射されたエネルギーに、当該照射に関する生物学的効果比係数をかけ算して得られる、レム（rem）あるいはシーベルト（Sv）で計測される経験的な数値を用いて放射線による損傷を考えます。監督機関などの規制目的のために標準化された生物学的効果比係数は、〝線質係数〟あるいはQと呼ばれます。

放射線による損傷（remまたはSv）＝放射線量（radまたはGy）×生物学的効果比

B（生物学的損傷；remまたはSv）＝D（dose線量；radまたはGy）×Q

残念なことに、同じ〝線量〟と言う単語が、単位質量に吸収されたエネルギー量を表す場合と、その量に生物学的効果比係数を掛けた、即ち吸収エネルギーによる損傷を評価するための値の両方に使われています。健康影響の問題を評価する場合、上記の式で〝B〟と表される〝生物学的損傷〟は、実際は生物の損傷、害を計量する別の意味を持った数値でなければなりません。生物学的損傷とその単位 rem または Sv は、吸収されるエネルギーの単位 rad または Gy と区別されるべきもので、吸収エネルギーの線量とは区別される特定な言葉で表現する必要があります[57]。

正確には、生物学的効果比係数は、対象としている生物学的損傷の種類それぞれに特異的な係数であるべきですが、しかしながら、公的規制機関などでは、そのように扱われたことはなく、科学文献でも同様です。これは、暗に当該リスクががんリスクであるという明示的あるいは暗黙の了解があるからです。本当の所は、放射線被ばくは、多くの他のリスクをも増やし、とりわけ内部被ばくは、妊娠した女性や胎芽や胎児にいろいろな形でリスクを増やします。

57　ここで述べた洞察については、ジェシカ・アズーレイ氏に負うところが大きい。数年前の IEER の技術訓練ワークショップで、線量（dose）という言葉が、何故２つの異なった事象に使われているのか、即ち、単位重量当たりに付与されたエネルギー量と、それに経験的な生物学的効果比を掛算して異なった放射線の生じる相対的な損傷の量の二つの計測値である。彼女によれば、物理学的計測値と、放射線による生物への損傷の計測値は根本的に違うので、誤った理解と混乱を生むと述べているが、全く同感である。ある特定の損傷について、線量に生物学的効果比を掛けたものは、該当事象に対する“生物学的損傷単位”、略して BDU（Biological Damage Unit）と定めるべきと提案する。

現行の一般的な標準では、高エネルギーγ線（セシウム-137が放出するγ線など）とほとんどのβ線（例えば、ストロンチウム-90の崩壊で放出）で、生物学的効果比係数（RBE）を1としています（つまり、損傷の計量は、組織に吸収されたエネルギー量に等しく、従って線量に等しい）。他方において、少数の細胞（場合によっては単一細胞）に全てのエネルギーを付与するα粒子は、RBEが20と定められています。即ち、同じ量のエネルギーが身体に吸収されても、標準値では、α粒子がγ線よりも20倍生物学的損傷を与えると推定することになります。中性子は、間接的にイオン化を起こしますが、中性子の持つエネルギーに応じて、異なる生物学的効果比係数が使われます。これらの因子は、通常は発がんリスク評価に適用されます[58]。

放射線により起こる生物学的損傷は、どの特定の種類の損傷が対象になるかに明白に左右されます。このことは、照射される特定の細胞や照射される特定の臓器について、それぞれに特化した係数が考慮されなければならないということです。

b　生物学的効果比（RBE）

放射線障害の種々のエンドポイントを見てみると、応用さ

58　細胞を死傷させるときの放射線照射の効果については、より正確な計量が使われる。これは、がん治療において放射線照射で細胞を死滅させるときに重要であるからである。この様なケースの場合、生物学的効果比は、特定の放射線での細胞死の効率を250キロボルトの光子と比較して定義する。Waker,2012, スライド8.　ウオーカーによれば、生物学的効果比についての要因は、検討している特定の生物学的影響に関する最終結末によって変わってくると言う。

れるべき生物学的効果比の係数は、広い範囲に渡っています。ここでは、何故特定の種類の害を評価するに当たって、特定の生物学的効果比係数を応用することが重要か、２つの例で考察してみましょう。

例１：姉妹染色分体交換の頻度の実験

姉妹染色分体交換とは、細胞が有糸分裂で複製する時に起こる遺伝物質の交換です。過剰な交換は有害です。H. Nagasawa と J. B. Little の Cancer Research 誌の論文では、低 LET 放射線（高エネルギー X 線）照射と高 LET 放射線（プルトニウム -238 の崩壊時に放出される α 粒子）照射で誘導される姉妹染色分体交換の頻度を比較していますが[59]、チャイニーズハムスター卵巣培養細胞（CHO）に、低 LET 照射（1-2 グレイ（100 － 200 ラド））を時間あたりの線量が高い高線量率で照射して、0.31 ミリグレイの高 LET 放射線（プルトニウム -238 崩壊の α 粒子）と同程度の遺伝的損傷が、姉妹染色分体交換を指標として見られたと報告しています。**ここでの結果は、特定の遺伝的結末について、生物学的効果比が 3,200 から 6,400 であったと解釈されます**[訳注 5-4]**。この実験結果にもとづく α 線の生物学的効果比は、規制当局が通常のがん化リスクを評価するために用いる生物学的効果比係数 20 より、160 から 320 倍大きい**（**太字は著者による表示**）。更に、細胞致死効果を比較する時には、

59　Nagasawa H.& Little J.B., Cancer Research 52（22）:6394-6,（1992）, 誌 Induction of Sister Chromatid Exchanges by Extremely Low Doses of a-Particles.

γ線対α粒子照射の比率が典型的に係数10とされるのに、この実験で示されている姉妹染色分体交換の誘導係数は、その320から640倍大きいのです。

Nagasawa-Little論文の中心的な発見は、実は、30%の細胞が姉妹染色分体交換の増加を示しているのに、α粒子が直撃した細胞は1%に満たないと報告されていることにあります。即ち、この培養卵巣細胞に生じた損傷は、高い線エネルギー付与（高LET）の放射線の直撃による結果だけではないことになります。直接α粒子のエネルギーを受けた1個の細胞に対し、30以上の〝バイスタンダー（周囲）〟細胞が影響を受けたと考えられるのです[訳注5-5]。Khadimらの実験でも、非常に高い生物学的効果比係数が推定されています。その実験では　造血幹細胞を1回以上のα粒子の照射を与えてからクローン増殖した細胞、〝即ち照射後細胞死に到らず増殖できたクローン細胞の培養で〟、α粒子照射で最初の幹細胞が得た障害と同じような現象が、培養後の子孫細胞で高い頻度で非クローン逸脱として観察されました。照射によって惹起された不顕性の染色体不安定性が子孫細胞に伝達されて顕在化されたと言うのです（著者らは、ここでの生物学的効果比係数は無限大と記述しています。括弧内は訳者挿入）。この現象は、細胞にX線照射した際には見られませんでした[60]。

放射線被ばくによるがん発生以外の影響については、次章（第6章）で展開することにしますが、ここでは、妊娠初期に

60　Kadhim, M.A. et al., Nature 355:738-40（1992）. Transmission of chromosomal instability after plutonium α-particle irradiation.

おける胎芽や胎児への影響と、完全に成長した大人に対する影響の基本的な、生物学的な違いを考えてみます。

例２：妊娠初期における胎芽（胚）と胎児に対する被ばくの影響とがんリスクの違い

中心的な生物学的動態を考えてみると、胎生期と成人とでは、本質的に違います。卵子が受精して接合子（受精卵）となると、非常に早い細胞分裂が始まります。この時期は胚盤胞と呼ばれますが、充分な複雑さと大きさを持った塊に成長して、通常受精後５日から９日までの間に胎盤の壁に着床できるようになります。この段階では、修復機構はありません。着床前後の胚盤胞や接合子（受精卵）自身には、頻繁に損傷が起きますが、あまりにも頻繁なので、非常に多くの受精卵が、着床前あるいは着床後数週間までの間に、妊娠不成立となります。どれくらいの割合で初期流産が起こるかについては、女性が妊娠を自覚する以前に起こることなので、判っていません。受精卵の20％が着床に失敗し、さらに着床後それ以上の割合で流産するとの推定はあります[61]。遺伝的な要因と環境的な要因が関係しているとも考えられていますが、卵子や精子の段階で既に環境要因による損傷を受けている可能性もあります。

他方、完全に成長した人々にとって、電離放射線による影響は、一般的には日々の定まった恒常的な活動中に起こることで、身体は環境と動的平衡状態にあります。一方、胎芽や胎児

61 Danielson K.,verywellfamily.com, 2020, Making Sense of Miscarriage Statistics

にとっては、急激に発達成長しているので、状況が全く違います。例えば、妊娠の非常に早い段階で細胞死が起これば、重篤な負の影響が起こりますが、これに比較して、大人の細胞がα粒子に殺されても、幾つかの重大な例外（卵母細胞のような）を除いては、数日から数カ月の間に細胞が入れ替わる程度のことでしょう。

従って、細胞死、効果的な修復の欠如、幹細胞からの急激な器官形成などが、胎芽やその後の胎児期に器官形成を終了するまで（脳形成については出産後も継続して）、放射線障害や環境障害を理解するための決定的な要因となります。これは、成人にとっては全く違います。成人の場合は、細胞死そのものや代替補充が、平常の恒常的な機能の一部なので、死んだ細胞は通常の代謝過程で取り除かれます。

一方で胎芽や胎児の時期は、本来的に恒常的なホメオスタシス（生体恒常性）の状態ではありません。大人にとっては、損傷した細胞が死なないという事はがんリスクに重要で、損傷したけれども生存し続けている細胞が、後の別の誘因などで、がんの起点となるわけです[62]。特定臓器の発がんリスクは（低線量率被ばくの場合）、臓器全体が継続して受ける線量の積算で推定されます[63]。他方、器官形成期の催奇性リスクは、かなり違います。急速に分裂している幹細胞に、細胞死や遺伝的損傷などの非確率的影響が関わります[訳注62]。そのような意味で特定の

62　EPA 2011：EPA Radiogenic Cancer Risk Models and Projections for the U.S.Population を参照
63　例えば、EPA 2011（同上）を参照のこと

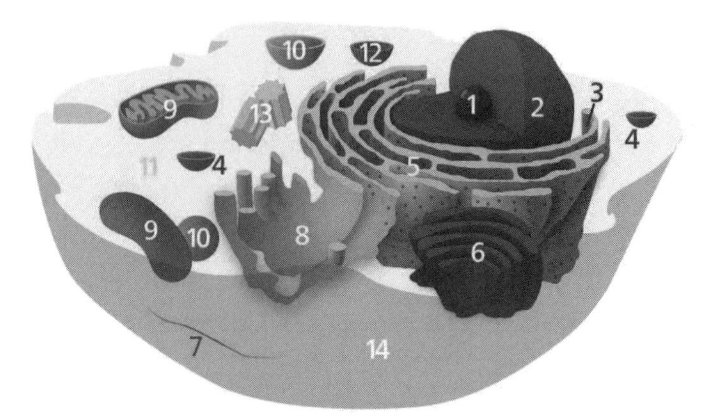

図 V-1　典型的な動物細胞の図[訳注 5-8]

https://commons.wikimedia.org/wiki/File:Animal Cell.svg を改変

1. 核小体（仁）、2. 細胞核、3. リボソーム、4. 小胞体、5. 粗面小胞体、6. ゴルジ体、7. 細胞骨格、8. 滑面小胞体、9. ミトコンドリア、10. 液胞、11. 細胞質、12. リソソーム、13. 中心小体、14. 細胞質膜

エンドポイント（終着点）と特定の細胞を考慮することがさらに重要となります。形成途上の臓器では、臓器全体の多数の細胞に対して、線量や損傷が均等に影響しないからです。

ここで重要なことは、生物学的効果比という概念を非確率的影響、即ち確定的影響に適用していることです。生物学的効果比という概念は、一般に線エネルギー付与率の異なる放射線の単一のエンドポイント（終着点）であるがんに対する確率的リスクを調節するために適用されてきました[64]。一般的には、時間を隔てた２つ以上の有害な事象が、修復過程も関わるので、

64　EPA 2011：EPA Radiogenic Cancer Risk Models and Projections for the U.S.Population；section2

がんリスクを特徴づけます。さらに、特定臓器のがんリスクは、その臓器全体の被ばく線量推定（低線量率の場合は全時間を積算）を必要とします[65]。他方において、器官形成における催奇性リスクは、全く違います。急速に分裂している幹細胞に、細胞死や遺伝的損傷などの非確率的影響が関与します。その意味で特定の奇形リスクを考える場合には特定のエンドポイントと特定の細胞を考えることが更に重要なのです。

トリチウムは、ガンマ線に比較して、生物学的効果比係数が2.2とされますが[66, 訳注5-7]、成人のがん化リスクについては、生物学的効果比の概念の範囲内において、妥当な数値と思います。しかしながら、上記で展開したように、がん以外のエンドポイントについては、特に妊娠との関連において、それぞれの特異係数を算出しなければならないと考えます。

c　ミトコンドリアに対する影響

電離放射線の健康に対する影響については、ほとんどの文献ががんリスクについて焦点を合わせ、同じく二重ラセン構造の核DNAの突然変異に焦点を合わせています。しかしながら、全ての多細胞生物、即ち植物、動物、真菌、その他は、細胞質にミトコンドリアと呼ばれるオルガネラ（細胞内小器官）を保有しています。図V-1は、典型的な動物細胞の模式図です。

65　EPA 2011：EPA Radiogenic Cancer Risk Models and Projections for the U.S.Population；section2

66　Canadian Nuclear Safety Commission,2010, Health Effects, Dosimetry, and Radiological Protection of Tritium:

二重ラセンDNAは細胞核の中にあり、放射性核種が外部から細胞内に最初に入る細胞質は、細胞核を取り囲んでいます。赤血球を除いた全てのヒト細胞には、1細胞当たり数百から数千個のミトコンドリアが存在します。

ミトコンドリアは、人体のエネルギー系の核心とも言うべき存在で、種々の有機化合物を、エネルギー通貨であるATP（アデノシン三燐酸）に変換します。ATPは、エネルギーを供給して、諸機能を可能とします。即ち、心臓を拍動させ、肺を拡張・収縮させて空気を吸入・吐出し、口を開閉させて飲食を可能とし、あるいは、指を動かして鍵盤を叩いたりバイオリンを弾いたりさせます。また、細胞外の環境と核との情報伝達にも用いられます。各ミトコンドリアは，内部に独自の環状DNAを持ち、mtDNAと略称されます。（核DNAは、mtDNAと比較する時、nDNAと略称される場合もあります）。ミトコンドリアは、他のオルガネラ（細胞小器官）同様、サイトゾルと呼ばれる主成分が水からなる細胞質液体に浮遊しています。このことは、電離放射線の細胞内での影響を理解する上で、さらに健康への影響を理解する上で、決定的な事柄です[訳注5-9]。

細胞質液体は、細胞のほとんどの体積を占め、トリチウムβ線で電離される水を含んでいます。電離放射線により、mtDNAは、nDNAよりも10倍ほど突然変異の可能性が高くなると言われています。ミトコンドリアは、身体エネルギー系の核心であるだけでなく、老化現象と免疫反応を制御します。従って、mtDNAの損傷は、がんに限らずその他の全身的な健康にも深刻な影響を与えます。しかしながら、mtDNAや身体

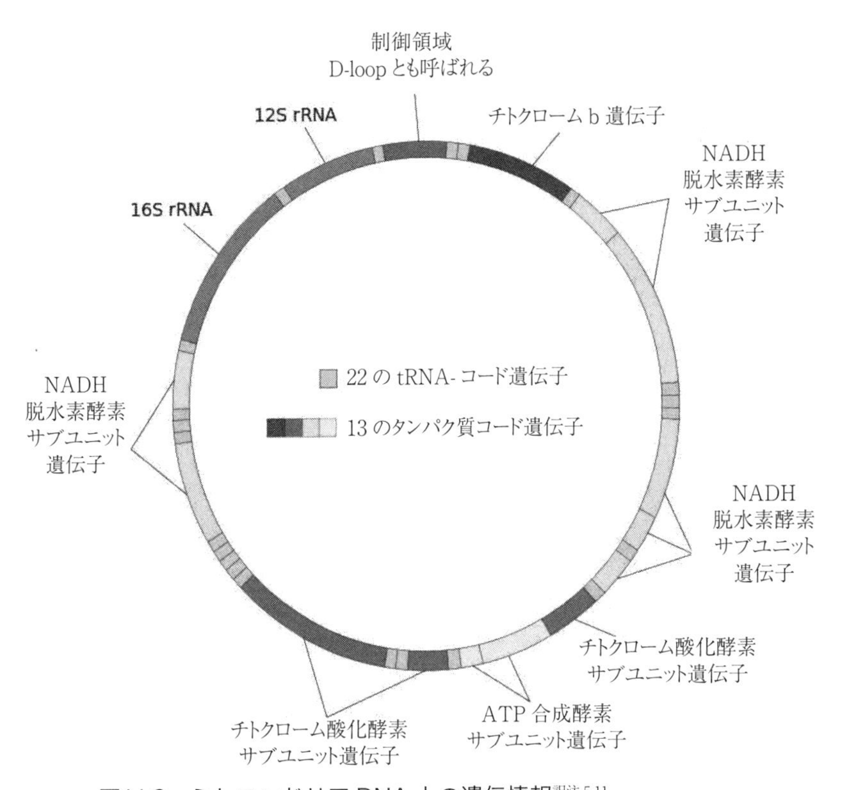

図 V-2　ミトコンドリア DNA 上の遺伝情報[訳注 5-11]
https://commons.wikimedia.org/wiki/File:Mitochondrial DNA　en.svg を改変

のエネルギー系や老化現象や他の汚染物が絡む損傷に対する影響に関し、文献レベルでは、放射線によるリスクについて僅かに触れられる程度です。実例としては、BEIR-VII 報告を見ると、ミトコンドリアに言及した箇所は 12 カ所程で、mtDNA 損傷が起こす身体全体へのリスクについては、全く検討されていません。

更に、mtDNA は、母親だけから遺伝するので、父と母それぞれの 23 本の染色体からなる nDNA とは違います。身体全体の代謝活動は、個々の細胞内で行われる代謝過程の写しです。基本的には、私達は、炭水化物のような有機化合物が酸化される過程でエネルギーを獲得します。これはつまり、カロリーを〝燃焼する〟過程です[訳注 5-10]。それぞれの細胞は、オキシダント（酸化剤、酸化物質）とアンチオキシダント（抗酸化物）がバランス良く保たれていて、細胞の代謝機能や身体の健康生活のために、精密に調節されています。オキシダントは、有機化合物をより単純な部品にして、二酸化炭素と水にまで分解させますが、過剰にあると細胞を損傷し、不足すると身体機能を継続させるエネルギーの欠損の原因となります。図 V-2 はミトコンドリア DNA の構造を図示していますが、環状 DNA 上に、諸機能をコードする遺伝子が分布しています。

電離放射線や多くの汚染物質が生きている細胞を損傷する過程の一つは、過剰なオキシダントが産生されることで起こります。多くのオキシダントが知られていますが、酸素原子を含むものは、〝活性酸素種：reactive oxygen species〟あるいは簡略化して ROS と呼ばれます。細胞の代謝過程には、還元と酸化の化学反応が含まれますが、その結果、細胞内には活性酸素種が、還元物質と共にバランス良く存在します。もし活性酸素種が修復能力を超えて過剰に存在すれば、損傷が起こります。過剰な活性酸素種は、環境汚染物によって細胞内に産生されてしまいます。トリチウムによる特異的なケースでは、β線の放出が、水等の分子を電離して、産生物のうち最も反応性の強い〝水酸化ラジカル〟が産生されます[67]。

2006年の全米アカデミーの報告書BEIR VIIは、ROSの起こすミトコンドリア損傷の可能性について、以下のように記述しています。

> 酸化による損傷は、単一の独立な事象とは考えることはできないが、どの化合物が酸化を起こすかの化学的起源に依存する。酵母の突然変異株を用いた研究では、過酸化水素に感受性を示す突然変異株は、ミトコンドリアの呼吸鎖機能を過剰に発現していたが、ジアミドに感受性を示す突然変異株は、液胞タンパク質の選別に関する遺伝子に変異を持っていた[訳注5-12]。このことは、細胞内部で発生した活性酸素種が、どの様な損傷を起こすかを予測することの難しさを示唆している。内部発生による損傷は、それに抵抗するのに独特の遺伝子群が求められていて、外部発生源や電離放射線の場合とは異なっているであろう。

Piriniらは，喫煙者のmtDNAが持つ特有の脆弱性について、次の様に述べています[68]：

67　BEIR VII Phase2、2006年全米アカデミー Health Risks from Exposure to Low Levels of Ionizing Radiation

68　Pirini F., et al., Int. J. Environ. Res. Public Health 12 (2) :1135-55, 2015, Nuclear and Mitochondrial DNA Alterations in Newborns with Prenatal Exposure to Cigarette Smoke

ミトコンドリアDNAは、非常に脆弱である。呼吸鎖の損傷欠損はROS産生を増加させ、その結果、nDNAの損傷の確率を上げ、呼吸鎖欠損とそれに伴うエネルギー欠損を補償すべくmtDNA含量を増加させる。それに加えて、酸化的リン酸化に関与する遺伝子や、ミトコンドリアの機能不全に関与する遺伝子については、喫煙者では、DNAのメチル化状態が異なっている[訳注5-13]。

ここでPiriniらは、喫煙による損傷に言及していますが、これが起こる機構は、過剰な活性酸素種の産生であり、トリチウムβ線を含む、電離放射線による主要な影響と同じなのです。

ミトコンドリアは、全ての多細胞生物、動物、植物、真菌のエネルギー系の核心です。従って、mtDNAに突然変異を起こすような環境毒物は——これには放射性物質も含まれますが——全生態系環境システムに波紋を起こすようなリスクを起こしうるのです。

d　トリチウムの危険性と生物影響

トリチウム水でも有機結合型トリチウムでも、体外のトリチウムと体内のトリチウムは、異なったものとして考察されなければなりません。トリチウムは、いったん細胞の中に入れば、そのβ線のエネルギーは、細胞の内部に全てが付与されます。水中で飛ぶトリチウムβ線が停止する距離は、平均0.42ミクロン、最大5.2ミクロンです[69]。これは、細胞核や、あるいは細胞全体の差し渡し（直径）よりは、幾分か小さい距離です。トリチウムの各1回の崩壊は、細胞核でも細胞質でも数百の電離を起こし、最も高エネルギーのβ線の場合は多くが千を超える電離を起こすとされます[70]。

全米アカデミーによるBEIR VII報告書によると、β線に曝露されれば、化学反応性が高い水酸化ラジカルが産生され、これが細胞に酸化ストレスを与えるとされています。水酸化ラジカルは、β線と水分子が衝突してできたイオンが、別の水分子と衝突して産生されます。本来、トリチウムが放射化イオンに与えるエネルギーの全ては、β線の形です。水酸化ラジカルにより、DNAを含む多種多様な細胞内分子の損傷が起き、DNA損傷が起こります。

> 比較的長寿命（約0.00001秒）の水酸化ラジカル（OH・と表記）は、最も効果的な反応性の高い活性酸素種と考えられている。酸化剤として、DNAのデオキシリボースの水素原子を剥がして、DNAラジカルを産生する。**初期の実験で、約70％のDNA損傷は、OH・のラジカルスカ**

69　NRC 2015.　Physical and Chemical Properties of Tritium NRC MI. 2034

70　水のイオン化エネルギーは約12.6eVで、トリチウムβ線の平均エネルギー5.7keVは、約450の水分子H_2Oをイオン化する（情報源NIST 2001）。β線の最大エネルギーは、1,470個超の水分子をイオン化する。むろん、1回の崩壊によるイオン化は、水が最も多いとしても、水のイオン化に限られる訳では無い。結合エネルギーが数eVの有機化合物では，より豊富な数のイオン化物ができる。

ベンジャー（捕獲剤）を加えることで防ぐことができることが判っている……（ゴシック表示は、著者が加えた）……OH・は非常に反応性が高いので、DNA から約 3nm 圏内で形成されたものだけが DNA と反応できると推定されている……[71]

過剰な活性酸素種 ROS は、種々の環境汚染物質の色々な状況で産生されるので、これが原因で起こる細胞損傷の文献は、非常に豊富にあります。トリチウムによって起こる損傷も、主要なものは活性酸素種によるので、既存の多量な文献を探索することで、トリチウム β 線の害についても、洞察を得られる可能性があります。

過剰な ROS は、ミトコンドリア DNA を攻撃し、その結果、ミトコンドリアの機能不全が遺伝情報の不安定性の原因になって、遺伝的影響を与える可能性があります[72]。さらに、過剰な ROS が、神経疾患の発症に寄与することがあります[73]。では、過剰な ROS がミトコンドリアの機能不全を起こすならば、それが胎芽や胎児の細胞質のイオン化で起きた場合、どの様な結果となるでしょうか？ Ruder らは、妊娠期の食餌が与える影響やリスクについて、食餌の酸化影響を指標にして、即ち抗酸

71 BEIR VII Phase2、2006

72 Kim G.J. et al., Mutagenesis 21（6）361-7, 2006, Mitochondrial dysfunction, persistently elevated levels of reactive oxygen species and radiation-induced genomic instability: a revie w

73 Arun S., et al., Curr. Neuropharmacol.14:143-154, 2016, Mitochondrial Biology and Neurological Diseases

化剤の存在での良好な状況と、抗酸化剤の無いストレス度の高い状況を比較して、酸化による影響が初期妊娠不全となるとの仮説を検討しました。

> 妊娠不全や妊娠喪失は、公衆衛生での大きな関心事である。生殖能力や初期妊娠喪失に関係する因子は、比較的知られていないものの、環境や生活様式が重要であることを示唆する文献は、増えつつある。食餌、とりわけ抗酸化成分と酸化ストレス（OS：oxidative stress）を起こす成分が、妊娠のタイミング、持続、生育に関わっているとの考えを支持する充分なエビデンスがある。私達は、仮説として、女性体内のOSを導く状況が、妊娠のタイミングや初期妊娠喪失に影響すると考えている[74]。

74　Ruder E. H., et al. Hum. Reprod. Update 14（4）:18535004, 2008,Oxidative Stress and antioxidant: exposure and impact on female fertility

訳注

訳注 5-1　胎齢については、発生学では、（本邦では）受精から妊娠 16 週までを妊娠初期、16 週から 28 週までを妊娠中期、29 週から 40 週までを妊娠末期と呼ぶ。欧米では、妊娠の三分割法が、第一・三分割期 first trimester は妊娠 13 週末まで、第二・三分割期 second trimester は 14 週から 27 週まで、第三・三分割期 third trimester は 28 週から 40 週までとし、ズレがある。産婦人科では、妊娠時期を最終正常月経第 1 日より起算する。原著では欧米の三分割法で記載されているが、訳文では、読み易さを考えて、妊娠初期・中期・末期とした箇所もある。

訳注 5-2　水ファントムは、外部放射線被ばく線量の測定や、外部放射線治療での吸収線量測定、モニター線量計校正、放射線漏洩測定等の複数の用途の製品が市販されている。最近では数値ファントムといって、数学モデルで人体を表現し、計算機で被ばく線量等を算出する手法も行われている。

訳注 5-3　放射線の線質が異なると、同じ線量でも効果の程度は異なる。LET（linear energy transfer：線エネルギー付与）は、放射線の線質とエネルギー放出を表す指標で、放射線の飛跡に沿って単位長さあたりどれだけエネルギーを与えるかを示す。放射線のエネルギーが小さいほど、また放射線粒子の質量が大きいほど LET は大きくなる。β 線粒子（電子線）、γ 線、X 線は、低 LET 放射線であり、α 線、中性子線は高 LET 放射線である。

訳注 5-4　生物学的効果比 3200 は以下のように計算される　$1 \div 0.00031 = 3200$

訳注 5-5　バイスタンダー効果とは、電離放射線が直接当たった細胞で生じる作用により、放射線が当たっていない周囲の細胞（バイスタンダー）にも放射線に当たったと同様な影響が見られる現象。培養細胞を用いた報告は Nagasawa と Little の報告が初めてだが、動物実験などで照射していない部位が影響を受けるという現象としては知られていた。活性酸素ラディカル等によると考えられている。なお、チャイニーズハムスター卵巣（培養）細胞（CHO と略される場合が多い）は、1956 年にライン化された特定の培養細胞のことをいう。

訳注 5-6　放射線の人体への影響のあり方には「確定的影響＝非確率的影響」と「確定率的影響」がある。確率的影響は晩発障害とも言われ、発がんや遺伝的影響で「放射線を受ける量が多くなるほど量に比例して影響が現れる確率が高まる」現象。確定的影響は急性障害とも言われ、ある一定の限界線量（しきい値）を超えると確実早期に影響が現れる現象。

訳注5-7　国際放射線防護委員会（ICRP）は、トリチウムを含め、すべてのβ線放出核種について、生物学的効果比（RBE）に該当する放射線荷重係数をすべて1と勧告している。トリチウムについてこれまでの研究からは明らかにRBEはおよそ2以上が妥当であり、見直されるべきである。

訳注5-8　図V-1では、2つのミトコンドリアしか図示されていないが、本文にあるように、実際は、ミトコンドリアの数は細胞の種類により異なるが、1細胞当たり数百から数千個あるとされる。細胞核と核小体は単細胞当たり1つであるが、他の細胞内小器官は、細胞種により異なるものの多数存在し、図V-1は、実態とはかけ離れている概念図である。なお、細胞質膜と同じように、小胞体（粗面、滑面も含めて）、液胞とリソゾームは疎水性分子で形成された膜構造で仕切られており、さらにミトコンドリアは外膜と内膜の二重膜構造をもつ。膜による仕切りは、水に溶ける物質の通過をブロックしており、膜に埋め込まれた輸送タンパク質が特定の分子を選択的に通過させている。細胞内小器官の膜には水素イオン（プロトン）ポンプが埋め込まれて、中性の細胞質に比べて、内部にプロトンが濃縮されて酸性になっている。膜に仕切られて、リソゾームの様に、外が中性pH7.5と内部が酸性pH5.5であると、この濃度差は、水素イオンが内部に100倍濃縮されたことを意味する。プロトン・プールには、トリチウムも濃縮されていることになる。

訳注5-9　ミトコンドリアは、細胞内のエネルギー産生（ATP合成）を担うが、それ以外にも細胞内カルシウム濃度調節、細胞死の制御、酸化ストレス調節、糖・脂肪酸・アミノ酸の各種代謝等多くの機能に関連しており、細胞の恒常性維持に重要である。ミトコンドリアの機能不全は、多くはエネルギー産生不足に起因するミトコンドリア病を発症するが、特に幼小児期には、知能低下や精神障害を含む脳筋症状に加えて、消化器・肝症状、心筋症状が3大症状とされる。その他、ミトコンドリアのエネルギー産生以外の機能の失調と、健康不全や免疫力低下や老化現象とについての研究が、近年勃興しつつある。

訳注5-10　太陽のエネルギーは、植物による光合成で糖（グルコース）として捕獲されるが、グルコースは細胞内に取り込まれ、細胞質の代謝反応で2分子のATPと2分子のピルビン酸に変換される。ピルビン酸はミトコンドリアに取り込まれて、TCA回路で3分子のCO_2に分解されると共に、1分子のATPと1分子の$FADH_2$と3分子のNADHを生成する。$FADH_2$とNADHは還元剤だが、ミトコンドリア内膜に局在している電子伝達系と呼ばれる複合体で、水素イオン（H^+）と電子

（e⁻）が取り外され、呼吸で取り込まれた酸素と反応して水 H_2O を生成し、同時に水素イオン（プロトン）をミトコンドリア内部から外膜と内膜の間隙に汲み出す。内膜を隔てた水素イオンの濃度差により、内膜に埋め込まれたATP合成酵素の内部を水素イオンが通過することでADPからATPが合成されるが、この機構は「化学浸透圧説」と呼ばれ、この学説で提唱者P.ミッチェルは1978年ノーベル化学賞を受賞した。グルコース1分子から三十数個ATPが合成されると実測されている。詳しくは、『生命を支えるATPエネルギー』二井將光著 BlueBacks B2029,2017年を推奨する。

訳注5-11　ミトコンドリアDNAは、16,569塩基対からなる環状DNAがミトコンドリア内に複数存在していて、細胞核中の染色体とは別個の遺伝ユニットとして、ミトコンドリア内で独自の複製、転写、翻訳が行われている。ミトコンドリアDNA上には、2個のリボゾームRNA遺伝子、22個のt-RNA遺伝子、及び13個のタンパク質遺伝子がコードされている。ミトコンドリアを構成するタンパク質は、1500～2000種類あると推定されているが、上記の電子伝達系関連の13種のタンパク質以外は、細胞核の染色体に遺伝子が分布していて、細胞質でタンパク合成がなされてミトコンドリアに移動してくる。他方、ミトコンドリアDNAにコードされているタンパク質は、内膜に埋め込まれた電子伝達系の成分で、内膜近傍で合成される必要があって、独自の発現系として保持されているものと考えられている。

訳注5-12　ジアミドは、チオール特異的な酸化剤である。グルタチオン等を酸化して、活性酸素種の生成や脂肪酸の過酸化を引き起こす。

訳注5-13　DNA塩基A,C,G,Tのうち、Cは、細胞の状況によって特定のDNA配列でメチル化を受けることがある。遺伝子の制御配列のCG配列がメチル化CG配列に変換されると、多くの場合、遺伝子発現が抑えられる。この様な調節機構は、エピジェネティクス（上書き遺伝）とよばれ、最近盛んに研究されている。例えば、がん抑制遺伝子がメチル化されると、抑制が抑えられて発がんが促進されることが知られている。

第６章　胎芽（胚）と胎児への催奇形性影響

ここでは放射線被ばく、特に内部被ばくが胎芽（胚）や胎児に及ぼす影響とリスクについて、独自のトピックとして考えます。

a　放射性核種の胎芽および胎児への移行

胎芽や胎児の内部被ばくは、放射性核種が母体との間で交換される体液を通じて母体から胎芽や胎児に移行することによって起こります。放射性核種が胎芽や胎児に移行するのは、それ等が妊娠中の女性の体内に入った場合に限られます。しかし、放射性核種の生物学的半減期が十分に長ければ、妊娠前に体内に入ったものも女性が妊娠した時にも体内にまだ残っており、胎芽や胎児に移行する可能性があります。

英国放射線防護庁（NRPB）の2001年報告書では、（国際放射線防護委員会〔ICRP〕2002年の報告書に相当）、様々な一般的な放射性核種の母体から胎児への移行比率を公表しています[75/訳注6-1]。プルトニウムのように、摂取が妊娠前か妊娠中かによって、また妊娠中のいつ摂取したかによって、胎児濃度と母体濃度の比が異なる放射性核種もあります。その他の放射性核種については、比率は摂取時期とは無関係です。表VI-1は、ICRPの報告書で公表された胎児と母親の放射性核種濃度比の一部を示したものです[訳注6-1]。

75　註：原書ではNRPB 2001を引用しているが、NRPB 2001ではなくICRP 2001（ICRP 88）の表3.2から引用

表 VI-1　胎児と母親の放射性核種濃度比（胎児の濃度／母の濃度）

元素	妊娠前摂取	妊娠中摂取
トリチウム水中の水素	1.6	1.6
有機結合型トリチウムの水素	1.6	1.6
有機炭素	1.5	1.5
燐	0.5	10
硫黄	1	2
カリウム	1	1
コバルト	0.2	1
亜鉛	2	2
テクネチウム	1	1
ルテニウム	0.01	0.2
セシウム	1	1
鉛	1	1
ビスマス	0.1	0.1
トリウム	0.03	0.1; 0.3; 1
ウラン	0.1	1
プルトニウム	0.03	0.1; 0.3; 1
アメリシウム	0.01	0.1

出典：ICRP—Pub88（2002）表3-2
注：トリウムとプルトニウムについて妊娠中摂取で示された3つの比率は、妊娠第1、第2、第3分割[訳注5-1]参照）に摂取した場合についてである。

放射性核種が母体から胎児へ移行するという事実は明確なため、生態系において放射性核種を人為的に増加させないようにし、可能であればそれを排除することが絶対に必要であることは明確です。なぜなら長寿命の核種は食物連鎖の一部になるからです。短寿命の放射性核種もまた、深刻な影響を引き起こす可能性があります。例えば、大気圏内核実験時あるいはチェルノブイリや福島の事故直後に妊娠していた女性は、短寿命の放射性ヨウ素同位体に被ばくしました。半減期が約8カ月の亜鉛-65のような他の放射性核種も、この文脈において重要です。亜鉛は必須ミネラルであり、免疫システム、傷の治癒、細胞分裂の過程など、体内で多くの重要な役割を果たしています。亜鉛の胎児と母体の比率は2であるため、放射性の亜鉛65は炭素14やトリチウムよりもさらに胎児に濃縮されることに注意が必要です。例えば、亜鉛65はマーシャル諸島での米国の核実験による放射能汚染の主要な因子でした。マーシャル諸島の人々の主食である魚は汚染され、妊婦を含む住民はそれによって被ばくしました[76]。

b　催奇形性影響の既成概念

妊娠の初期においては、潜在的な害やリスクは〝催奇形性影響〟という一般的な範疇で研究することができます。放射線リスクに関しては、米国科学アカデミーが1988年に出版した放射線健康影響に関する定期報告書の内部被ばくの研究から始めると理解しやすいでしょう。一般にBEIR IV[77]として知られているこの報告書の第8章に、〝胎内被ばくによる胎児への影響、催奇形性及び新生児への影響〟と題する章があります。ここでは二つの影響について議論されています。即ち胚盤胞の着

76　Franke 2002 Bernd Franke, Review of Radiation Exposures of Utrik Atoll Residents: Final Report, ifeu-Institut für Energie-und Umweltforschung, Heidelberg, Germany, June 2002

77　“BEIR”は“Biological Effects of Ionizing Radiation.”“電離放射線の生物影響”の略である。最も新しい報告は2006年に出版されBEIR VIIとして知られている。

床不全を含む早期流産と、器官形成期と呼ばれる期間における臓器形成過程で生じる害についてです。

胎芽の〝着床前喪失〟に関して、BEIR IV は10ラド（0.1グレイ）のしきい値があると主張しています。それは、外部照射した動物実験結果と、着床前喪失には最小限の数の細胞死を要するという〝理論的考察〟に基づいています[78]。さらにこの報告書は、器官形成についても、催奇形性については同様のしきい値に到達しています。その理由の一部は以下の通りです。

> 主要器官形成期には、**胎芽（胚）は放射線の既知の催奇形性影響のすべてに対して感受性があると考えられる**……（中略）……主要器官形成期に特定の発生異常が誘発される期間は、一般的には1日から数日までの間である。しきい値は理論的に想定され、観察もされている。**低LET放射線の約10ラド以下の単回照射では**影響は見られないようである[79]。

しきい値が観測されているというのは、動物を用いた放射線外部照射実験に基づいています。他方、米国アカデミーと国際放射線防護委員会（ICRP）は、中枢神経系への催奇形性影響にはしきい値がないと認めています。この結論は、1945年8月の広島と長崎への原爆投下時に妊娠していた女性についての調査分析結果に基づきます。

78　BEIR IV, p383.
79　BEIR IV 1988, p383, 著者太字変換

ICRPは、放射線影響に関するさまざまなトピックスについて、順次番号をつけて報告書を発行しています。ICRP49は、胎内放射線被ばくの脳への影響を扱っています。この報告書には、1945年8月に米国が広島と長崎に原爆を投下した際に妊娠中で、原爆投下を生き延びた女性の分析が掲載されています。ICRP49はその結果の疫学分析について次のように述べています。

第1に、改訂された臨床標本[訳注6-2]に含まれた1,599人の妊婦のうち、30人が重度の精神遅滞児を出産した。第2に、そのうちの18人、すなわち60%が不釣り合いに小さな頭部、すなわち、1,599人の新生児の中で観察された平均値より2標準偏差以上小さい頭部を有していた。精神遅滞児が生まれた妊娠のうち、19人以上（そして0.01グレイ以上の被爆を受けた21人のうち17人）は受精後8週目から15週目に被爆している。**これは、被爆時の胎児年齢の影響がないという仮定に基づく予想の何倍にもなる**。この文脈では、繰り返しになるが、重度精神遅滞とは、簡単な作文ができない、算数の簡単な問題が解けない、自分の身の回りのことができない、管理できない、あるいは施設に収容されている（いた）ことを意味する[80]。

〝重度精神遅滞〟という用語は、上で引用したICRP49によるところの臨床的な意味で使われています。ICRP49の線量・効果推定では1グレイ当たり0.4例であり、その範囲は〝**0.01**

80　ICRP 49, 1986, p20, 著者太字変換

グレイ［1ラド］未満の被爆で100人に1人の症例から1グレイ［100ラド］の被爆で100人に約40人の症例〟までです[81]。最後に重要なこととして、観察された〝重度の精神遅滞〟の相当多数は8週目から15週目の間の被爆により発生したのですが、その時期をはるかに超えた受精後25週目までの被爆でも起きると指摘されています[82]。

ICRP49の事実と分析は、催奇形性についての影響が、低線量被ばくの影響に関する科学的・公衆衛生的議論が、もっと以前に主要な要素となるべきであったことを非常に明確に示しています。それは数十年前、少なくともICRP49の1986年までさかのぼることができます。BEIR IVとICRP49から明らかな結論は以下のようです。

1　放射線被ばくは、初期の妊娠不全を引き起こす可能性があります；早期の妊娠不全の事実そのものから判るよう

81　ICRP49, 1986, p31, 著者太字変換。1ラド以下で重症精神遅滞が起きるという証拠及びしきい値がないという結論に導く直線的線量反応関係は、しきい値が存在しないという他の証拠と一致する。これは1ラドで小児白血病及び脳腫瘍が相当数増加するというDr. Rebecca Smith-Bindman, Medical Perspectivesによる2021年10月27日の発表を含む。

82　ICRP49, 1986, Table 1, p21. ICRP49は〝データと一致する最も単純なモデルはしきい値なし直線（LNT）モデルである〟ことを見いだした。p 31（訳注：p31にはIQについての記述なし。p23では？）. ICRPの分析はIQの低下についても報告している。それは〝線量依存性のIQの変化があり、これは臨床的に重度精神遅滞と分類された症例の増加を説明できるという解釈と一致する。2つの別個の影響を排除するものではないが……データの統計的不確実性、および知能検査における高い一貫性を得るための既知の問題があるため、これらの定量的統計分析は定性的結論の改良をはばんでいる〟。

に、女性が妊娠していることに気づかなかった可能性があるため、発見が難しいのです。

2　特に器官形成の最も敏感な時期の放射線被ばくは、様々な催奇形性影響をもたらす可能性があります。

3　妊娠8週目から25週目までの放射線被ばくによる〝重度精神遅滞〟にはしきい値がありません。直線しきい値なし影響ということは、妊婦のこの期間における被ばくが重度の障害をもたらすと予想され、その数は該当期間における妊婦の集団線量に比例するということです。

c　既成概念に対するある側面からの再検討

催奇形性影響に関しても再検討が必要な問題があります。

BEIR Ⅳでは、初期流産については受精後最も早い時期のみを、催奇形性影響については、中枢神経系を除くすべてについて、妊娠50日までの胚形成期を考慮しています。中枢神経系の場合、限定された短期間は19週までとされています[83]。これは非常に重要なのですが、あまりにも限定的すぎます。妊娠不全を起こすような弊害は、この50日という短い期間よりも早い時期にも遅い時期にも起こり得ます。

例えば、ICRP49の表4は、妊娠3週目から4週目における神経管欠損（〝融合異常〟）の可能性について言及しています[84]。米国疾病管理予防センター（CDC）が説明しているように、神経

83　BEIR IV 1986, -384.
84　ICRP49 1986, p30.

管の閉鎖不全は、二分脊椎や無脳症（脳がまったく発育しない、あるいは発育不全）など、重篤な催奇形性影響につながる可能性があります。CDCは、〝胎児が無脳症の場合には流産に至ることが多く、生きて生まれた乳児は出生後すぐに死亡する〟と述べています[85]。従って流産に対してですら、より広い見方が必要なのです。このことは、催奇形性影響全般についても言えることです。

例えば、1979年に行われた〝文献にある豊富であっても分散したデータにのみに基づいた〟[86]総合研究では、中枢神経系の発達期間は受胎後15日から始まり、前頭前皮質が発達し続ける妊娠全期間と出生後までをカバーしています。このように、中枢神経系の催奇形性影響に対する脆弱性期間は、妊娠期間全体にわたっており、このことは先天異常学会でも明言しています。提供された総説によれば、異なる臓器の発達はそれぞれ時期が異なるためリスクが顕著な時期は妊娠の全期間を通じて分散することになります。同学会は、妊娠中に起こりうる有害な結果を以下のようにまとめています。

催奇形性物質への曝露は、発育のどの時期や段階においても、悲惨な結果をもたらす可能性がある。……（中略）……一般に、最も初期の発生段階（配偶子形成、受精、割球、胚盤胞）の障害は、受精卵の喪失（すなわち流産、多くの場合、女性が妊娠に気づく前に起きる）をもたらす。その後の一次形態形成や器官形成の段階で何らかの障害が起きると、多くの場合、主要な構

85　Burke et al. 2002　の p6.
86　Zamorano and Chuaqui 1979, pdf p1.

造異常（〝先天性欠損症〞例えば、二分脊椎のような神経管欠損、胃瘻のような腹側体壁欠損；単一流出路の形成[訳注6-3]のような心臓欠陥；海豹症のような四肢異常；あるいは口唇裂や口蓋裂のような顔面裂）をきたす。胚後期および胎児期の障害は、一般に臓器の分化、成長、機能に異常をきたす（例えば、認知障害、難聴、新生児低血糖、未熟肺）。したがって、特定の催奇形性物質への曝露の時期によって、結果は大きく異なる可能性がある[87]。

想定されている10ラド（0.1グレイ）というしきい値も、外部放射線照射した動物実験に基づいているため、実験条件と放射線源の両方について再検討が必要です。

第1に、それ以降に行われた実験室実験と比較した野生生物に関する研究は、この結論をかなり疑わしいものにしています。具体的には、チェルノブイリで行われた研究では、単一種を対象とした研究室での実験結果と、野外で見られる幅広い線量率で被ばくしている野生生物への影響とを比較しました。その結果、野生生物は、研究室で得られた危険線量率の中央値で測定された値よりも8倍も放射線に対して感受性が高く、〝自然環境中にいる野生生物は放射線に対して、より感受性が高いことを示唆している〞と結論づけました[88]。この1件の研究は、決定的なものではなく示唆的なものです。それでも、野生生物

87 Bley and Schoenwolf 2014
88 放射線野外研究は重要である。例えばチェルノブイリ避難区域の野生生物は電離放射線に対して実験室で得られたものよりも、より感受性が高い。Gernier et al. 2013 https://www.sciencedirect.com/science/article/abs/pii/S0265931X12000240?via%3Dihub

と実験室での動物実験との差の大きさから、ほとんどの催奇形性影響のしきい値が、もし存在するとすれば、低LET放射線の0.1グレイ（10ラド）程度であると仮定することには注意が必要である十分な根拠を提供しています。

第2に、外部被ばくのしきい値10ラド（0.1グレイ）と関連付ける際には、放射線の種類と考慮される有害性に応じた生物学的効果比係数を内部被ばくに適用する必要があります（第5章参照）。

BEIR IVでは、試験管内での細胞死データに基づく生物学的効果比係数10を外部低LET放射線被ばくのデータに適用し、高LET放射線による内部被ばくのしきい値は1レム（0.01シーベルト）であると結論づけています。したがって、内部アルファ線被ばくについてBEIR IVが推定したしきい値は1レム（0.01シーベルト）です。

しかし、細胞死だけが適切なエンドポイントではありません。第5章で考察したように、実験データは、姉妹染色分体交換頻度の増加に対する生物学的効果比係数は数千倍、つまり外部被ばくよりも少なくとも2桁高いことを示しています。このことは、傷害のしきい値が10ミリレム（0.1ミリシーベルト）以下であることを示しています。Khadim等の実験は、非クローン性の遺伝子異常など、放射線を外部照射したときには見られなかった内部被ばく特有の影響がある可能性があることを示唆しています[89]。このような現象は、エンドポイントによっては、

89　Khadim et al. 1992

内部被ばくと外部被ばくの間に質的な違いがあることを示しています。そのようなエンドポイントについては、生物学的効果比は適用できない概念です。内部被ばくは、外部被ばくでは生じないような遺伝的影響を生じさせるように見えます。

d　多世代への影響

前節では、胎芽と胎児に対する催奇形性の影響について述べました。それ以上に、多世代への影響を考慮することも不可欠です。世代間リスクが存在することは、母体から胎児へ放射性核種が移行するという確立された事実により明確に示されています[90]。放射性核種の生物学的半減期が十分長い場合には、妊娠前に摂取された放射性核種が母親から胎芽や胎児に移行するため、胎芽や胎児は当然その影響を受けます。

女性と将来の世代を守るという目標に関連して、いくつか懸念される分野があります：

・胎児に移行した放射性核種は、その子が成人に成長してゆく過程で、どれくらいの期間体内に留まるのか？　それらの体内被ばくがその後の世代に与える影響は？　それは男性と女性でどう違うのか？
・妊娠期間中の卵子形成期における内部被ばくおよび思春期以後の卵子の成熟期における被ばくによる卵子への影響はどのようなものか。具体的には、卵子形成期におけ

90　ICRP 88 2002,（NRPB 2001 は間違いでは - 訳注）,

る生殖系細胞の突然変異のリスクは？　一過性の精子や第一精母細胞に関して対応するリスクはどのようなものか？

・卵子形成期におけるミトコンドリアDNAの突然変異のリスクと、それに関連する女性の子どもとその後の世代への影響とは？　ミトコンドリアDNAの突然変異は何世代続くと予想されるか？

・内部被ばくを含む電離放射線による卵母細胞の生殖系突然変異の世代間リスクとは何か？　胎児期に被ばくした女性の子どもに催奇形性をもたらすか？

・妊娠中に起きたミトコンドリアDNAの損傷は、例えば細胞内代謝の傷害によって、その後の世代に一般的な健康上の脆弱性をもたらすことがあるのだろうか？

・以下のことを考慮すると、どの放射性核種が多世代への影響にとって重要であろうか。

○汚染の偏在性―トリチウムは、原子力発電所、再処理工場、その他の軍事・商業施設から、水、水蒸気、有機結合体、またはその他の関連する化学形態として、日常的に放出・排出される、量という点で突出した例である。

○特定の場所で行われた特定の活動の結果、他の場所よりも大きな影響を及ぼす特定の放射性汚染核種がある。それはウラン採掘、ウラン精錬、核実験、チェルノブイリや福島が最も突出した例の原子力発電所事故などである。しかし、大気圏内核実験や一部の原発事故の場合、その被害は広大な地域、地球規模に及ぶ可能性があるし、事実そうであった。

○さまざまな廃棄物処分や廃棄物管理活動からの漏洩や排出、核施設の土壌や水域の残留汚染。ウランおよびウラン238の崩壊系列に含まれる放射性核種は一般的な例である。

・胎児期や多世代にわたる被ばくについて、どのような経路が研究されてこなかったのか、あるいは無視されてきたのか。

核兵器実験に関連したいくつかの例はそれらの問題を説明しています。妊娠前の被ばくと妊娠中の放射性核種摂取の両方が、胎児の放射性核種による負荷を与える可能性があります。世界中の多くの女性は、特に大気圏内核実験中に放射性降下物が多く降った地域では、放射性核種をかなり摂取しました。トリニティ核爆発実験の風下に住んでいた人々は、直接吸入被ばくしました。また、屋根に降った雨水を樽に溜め、飲み水や料理に使ってもいました。もちろん、これは大気圏内核実験中に世界の多くの地域で見られたことです。彼らはまた、放射性降下物が干した洗濯物に沈着したために、さまざまな経路で影響を受けました。飲料水の採取や洗濯物の屋外乾燥については、被ばくした一般大衆によって、被ばくの問題として頻繁に訴えられてきたことですが、その正当性は認められない場合が多かったのです。

問題は、核実験場の直近に限られる訳ではありません。例えば、マーシャル諸島で1954年に行われたキャッスル作戦による一連の核実験では、実験場のエネウェタク環礁から数千マイルも離れた場所に、顕著な累積的放射性降下物が降りました[91]。亜鉛-65（訳注：半減期244.3日）の被ばくの問題は、とりわけ重要で、これまで放射性降下物に関して頻繁に取り上げてきた公的な科学文献に取り扱われてこなかったということがあります[92]。また、上の表VI-1にあるように、胎児での亜鉛-65は、母体の2倍の濃度です。米国CDC疾病対策予防センターによれば、「子ども達が成長発達するには、亜鉛を必要としている。何故なら、亜鉛は、免疫機能にも、創傷治療にも、嗅覚味覚の感覚にも必須のものだからである[93]。」 放射性亜鉛は、全ての人が、とりわけ子ども達が必要としている非放射性亜鉛と身体の中で全く同じ挙動をします。ということは、亜鉛が担っている全ての機能が、放射性亜鉛で障害される可能性があり、とりわけ、免疫系の発達障害が、人生の後の段階での種々の健康脆弱性の足場を作ってしまいます。

最後に、妊娠の多くは、数は不確定ですが流産します。ある推定では、全妊娠の40%から50%が不顕性流産となると示唆しています[94]。このような流産の多くは臨床的に把握されず、当人自身にも認識されません。その理由の大部分は、不顕性流

91　List 1995: p20の地図を参照（pdf p.26）ホットスポットはマーシャル諸島の東はメキシコ市まで、西はスリランカのコロンボまで示されている。
92　Franke 2002
93　CDC 2022 Zinc. Centers for Disease Control and Prevention website（page last modified on January 21, 2022）. On the Web at https://www.cdc.gov/nutrition/infantandtoddlernutrition/vitamins-minerals/zinc.html
94　Rice 2018の図3から計算した。パーセンテージは女性の年齢に従って変化する。

産の多くが受精後１〜２週間内に起きるからです。これらの流産のうちどのくらいの割合が環境的な原因によるのか、あるいは環境的な原因と遺伝的な原因の組み合わせによるのかは明らかではありません。放射性物質、非放射性物質を問わず、環境汚染がいたるところに存在することを考えると、妊娠不全に対する環境の寄与を評価することは、リプロダクティブ・ジャスティス（妊娠・中絶・再生産を巡る社会正義）[訳注6-4]の他の問題とともに、優先順位の高い課題であるべきです。

訳注

訳注6-1　NRPB 2001について、訳本ではICRP Pub88を参照とした。ICRP Pub 88の表3.2に一覧表が示されている。

訳注6-2　1959年に行われた被験者グループの分類でPE-86サンプルと言われる、ICRP49-18参照

訳注6-3　単一流出路：心臓からは左心室から大動脈、右心室から肺動脈がでている。発生途上で何らかの原因でこの２本が分かれず、単一になった心欠損症。

訳注6-4　原語はreproductive justiceで「ジェンダー研究」2023年第26号等参照のこと

第７章　飲料水の摂取基準

ここまでに書いたことを含め、研究の欠陥やギャップを埋めるには、時間がかかります。催奇形性障害の可能性、中枢神経系の催奇形性障害にはいかなるしきい値も存在しないこと、また他の催奇形性障害にも、しきい値がないという確かな議論は、緊急に暫定的な防護措置が必要であることを指摘しています。それは妊娠の第1・三分割期（中枢神経系の場合では第2・三分割期）における潜在的な有害性を含め、研究によって様々なエンドポイントに対する具体的な害やリスク因子が明らかにされてきたからです。

とりわけ商用の原子力発電所から最も普通に定常的に放出されている放射性汚染物であるトリチウムについては、他のどの汚染物質よりも大量に放出されていることもあり、特に飲料水基準値を厳しくすることが緊急に必要です。現行では1リットルあたり20,000ピコキュリー（740ベクレル/L）[95]の飲料水基準値を、以下に議論する理由により、1リットルあたり400ピコキュリー（14.8ベクレル/L）に厳しくすることが、より人々を防護できます。妊婦や胎芽や胎児の保護が長い間無視されてきたことを思えばなおさらです。

飲料水のトリチウムは非常に多くの住民にリスクをもたらすので、飲料水基準値を厳しくする必要性を指摘する数多くの公的な歴史があります。例えば、公的なカナダ・オンタリオ州飲料水諮問委員会により使用されている公衆健康衛生に関する判断の基準は、トリチウムで汚染された飲料水について、100万人に1人の生涯致死ガンリスクです。トリチウムはオンタ

95　40CFR141（2013）

表1　人工放射性物質について勧告される飲料水基準濃度

放射性核種	pCi/L	Bq/L
アメリシウム 241	0.19	0.007
セシウム 137	0.64	0.0024
プルトニウム 230・240	0.15	0.006
アウトロンチウム 90	0.35	0.0013
トリチウム	400	15

出典：2009 年 8 月 27 日ニューメキシコ州水質諮問委員会での著者の証言
https://ieer.org/resource/press-releases/mexico-stremgthens-limits-public/

リオ州の重水炉（重水減速原子力発電所）から放出されます。その勧告値は、1 リットルあたり 540 ピコキュリー /L（20 ベクレル /L）でした[96]。米国エネルギー省 DOE の、コロラド州ロッキーフラット核施設の解体作業をしている間の流出水に関するトリチウムの環境回復ガイドラインは、別の例を示しており、それは 1 リットルあたり 500 ピコキュリー（18.5 ベクレル /L）で、米国の飲料水基準値より 40 倍も厳しいものです[97]。この場合は、デンバー都市圏に供給する水道水源が施設の近くの貯水池だったことで、飲料水の汚染が心配されたからでした。

オンタリオ州とコロラド州では、やや古い線量換算計数を

96　カナダ・オンタリオ州飲料水諮問委員会の勧告は拒否され、より緩い基準値（1 リットルあたり 7,000 ベクレル）となった。諮問委員会は、オンタリオ州の原子力発電所は、もし放出限度を超えなければ、1 リットルあたり 20 ベクレルの基準に合致できるだろうと述べている。OWWAC2009 の 5 ページ（第 7 章訳注 7-1）。

97　カナダはメートル単位を用いていて、オンタリオ州の諮問委員会奨励の基準値は、1 リットルあたり 20 ベクレル（20Bq/L）で、生涯リスクとして 100 万人に 1 人の致死をもたらす値の概算値で、1 リットルあたり 540 ピコキュリーに相当する。

用いて生涯リスクが計算されました。米国連邦政府の連邦指針第13報告書で更新された値は、同じ100万人に1人の生涯致死ガンリスクに相当するトリチウムの濃度限度は、1リットルあたり400ピコキュリー（15ベクレル/L）であるべきとの勧告がなされています。米国カリフォルニア州では、飲料水のガイドラインは、トリチウムについて、1リットルあたり400ピコキュリー（15ベクレル/L）です。

トリチウムは最も一般的な人工の放射性汚染物質[訳注7-2]ですが、それだけではありません。同じ規準が、胎盤を通過する他の人工放射性物質にも適用されるべきです。米国連邦指針第13報告書に基づく、100万人に1人の致死がんリスクという飲料水基準濃度に関する私の計算を表1に示します。これはニューメキシコ州水質諮問委員会での著者の証言内容です。

米国の飲料水基準は、公共の水道水にのみ適用されます。その結果、私的利用の井戸水は適用外なので、モニタリングや他のコンプライアンス関連の費用を節約できます。しかし、このことはまた、原子力発電所や核兵器製造工場が、トリチウム水を排出、放出することを可能とし、私的な水供給に悪影響を与えます。米国環境保護庁EPAの1リットルあたり400ピコキュリー（15ベクレル/L）に相当する規制にカバーされない飲料水源を守るために、そのような排出や放出に対する暫定的規制を検討することが重要です。さらに、米国やその他の地域では、地下水の保護基準値があり、その水が公共利用、個人利用にかかわらず、水質を保全することを保証しています。このことは、汚染者に、実際の利用や潜在的な利用にかかわらず、帯水層を汚染しないように義務づけています。

訳注

訳注 7-1　この文献は以下のウエブに解説付きで日本語に翻訳されている。
http://www.inaco.co.jp/isaac/shiryo/genpatsu/tritium_1.html

訳注 7-2　トリチウムは天然にも存在している。この本の2章b項を参照のこと。

第8章　まとめと考察

内部被ばくから生じる障害は、広範囲にわたる可能性があります。とりわけトリチウム崩壊で放出されるβ線や、数種類のプルトニウム同位体から放出されるα線は、細胞内でエネルギーの全てを放出します。α粒子を放出するプルトニウム同位体には、プルトニウム-238やプルトニウム-239があり、その他3種の自然に存在するウラン同位体U-234、U-235とU-238、及び人工的につくられたU-233があります[訳注8-1]。

被ばくの危害については、大きく分けて以下の3つのカテゴリーが、注目に値します。研究により知識を向上させるだけでなく、人類の健康を守るための予防的な活動や、危害を防ぐための基準の制定が、求められています。

1　**催奇性影響**：とりわけ妊娠第1・三分割期における、妊娠不成立、中枢神経系損傷、臓器奇形。この文脈において、たくさんのエビデンスが、γ線による外部被ばくと比較した内部被ばくの〝生物学的効果比〟という概念の使用について再度の検討を求めています。非がん性影響、例えば姉妹染色分体交換頻度やバイスタンダー効果（訳注 本書86、87ページ参照のこと）についても研究する必要があり、また、さまざまな出生後の健康影響があるのならば、それも研究する必要があります。

2　**ミトコンドリアへの影響**：mtDNAの突然変異を含め、細胞内被ばくによって細胞質内の過剰な活性酸素種（ROS）産生によってミトコンドリアへの影響が引き起こされます。過剰なROSに関連した、健康への悪影響については、広範囲なカテゴリーがあります。例えば、ミトコンドリアは母系遺伝するのですが、卵子の mtDNA 突然変異は、母親から多世代に渡って害を及ぼし続ける可能性があります。他に、ミトコンドリアの機能崩壊が、細胞内の代謝機能の阻害に繋がり、それが広範囲の不都合な影響をもたらす例もあります。この本で述べてきたように、ミトコンドリアは、細胞の、ひいては身体全身のエネルギーシステムの核心です。さらに、全ての植物、菌類、動物が同じミトコンドリア代謝系を持っているため、この機能を傷害するトリチウムのような放射性核種は、広範な生態系に対する害を引き起こす可能性があります。トリチウムは、核兵器生産と原子力発電の両方に関連する、最も遍在する日常的な汚染物質であるため、トリチウムに関するこのような研究はとりわけ重要です。

3　**相乗効果の可能性**：内部被ばくと非放射性汚染物質との相乗効果の可能性について、このような影響を推定するのが難しかったのには、様々な理由があります。放射線量の評価に用いる測定基準が幾つかあり、その基準を健康や環境保護の評価基準にどのように変換するかの問題があります。放射線については、単位質量当たりに沈着するエネルギー量が、基本的な基準となります。この基準は、環境や飲料水中の放射性核種、あるいは放射線汚染地域での除染の規制値を設定するために使用されます。例えば、米国の飲料水のトリチウム規制値は、1リットル当たり2万ピコキューリー（740ベクレル / L）です。これは線量、即ち単位質量当たりに沈着するエネルギーから導かれるもので、水の標準的な消費量は1日2リットルと仮定しています。直接、線量で設定された規制値もあります。ストロンチウム90とトリチウム以外の人工β線放出核種は、全身あるいはいかなる臓器に対しても年間4ミリレム（0.04ミリシーベルト／年）以下と規定されています。飲料水に対する規制は、この限度から導かれたものです[98]。非放射性毒物には、この様な方式は使えません。なぜなら毒性が作用する機構は、身体にエネルギーを放出することではなく、化学的生物学的に身体と様々に相互作用することにあるからです。単位さえも対応しません。有機毒性化学物質や重金属の飲料水での規制値は、沈着エネルギーではなく、単位体積当たりの質量（通常mg/L）で表されます[99]。従って、健康や生態系に対する害を評価するのに、放射線と化学物質を直接的には比較できません。しかしながら、化学毒性物質であれ放射線であれ、過剰なROS（活性酸素種）産生が危害を与えるとする共通の道筋があるならば、特に内部被ばくを含む（それだけではない）放射線被ばくについてと化学物質への曝露の複合的影響を研究評価する明確な道筋があると考えられるのです。

98　米国の飲料水の基準については、40CFR 141を参照。飲料水中の核種については、40CFR 141.66。

99　有機化合物については、40CFR 141.50。重金属類については、40CFR 141.51。

この本は、序章と第1章で述べた理由で、トリチウムに焦点を当ててきました。その他のβ線放出核種についても，同じように検討されなければならないし、それは可能です。そのような観点で重要な核種としては、炭素14、ストロンチウム90、セシウム137及びヨウ素の放射性同位体（ヨウ素123、125、129、131）があります。α線による損傷が格段に大きいことは、長年に渡って認識されてきました。しかし、これは通常がんリスクの局面で扱われて、生物学的効果比20が適応されてきましたが、この数値は多くの他の局面では応用できません。

放射能汚染の影響を受けて苦しんで来た人々、とりわけ特定地域の先住民族、彼らだけではありませんが、長年、妊娠期における催奇形成の影響や、多世代にわたる影響を訴えてきました。核兵器も原子力発電も持たない多くの国々や、核兵器や原子力発電の両方あるいは片方を持つ国における先住民の住む土地で、ウラン採掘の及ぼした広範な影響は、典型的な問題となっています。

この本のトリチウムとその影響に関する探索は、放射性核種による内部被ばくが与える健康被害について、より広範かつ真剣な考察が必要であることを示しています。とりわけ、通常考慮されている核DNAの突然変異に限らず、ミトコンドリアDNAや過剰な活性酸素種が細胞の代謝に与える影響に考察を拡大していく必要性を示してきました。最後に、新生児の臍帯に200以上の化学物質が検出されたことを踏まえて、化学物質単体や、化学物質と放射性物質の複合的な影響に関して、予防的な規格を確立することが、公衆・環境衛生にとって、重大な喫緊の課題であると指摘しておきたいと思います[100]。

訳注

訳注8-1　α線を放出する放射性核種は、これらの他にも、ポロニウム210、ラドン222、ラジウム226、トリウム228や超ウラン元素であるネプツニウム237、プルトニウム238、アメリシウム243、キュリウム244などたくさんある。

---

100 Environmental Working Group (EWR) 2005 Body Burden: The Pollution in Newborns

参考文献

* 40 CFR 141（2013）

U.S. Environmental Protection Agency. *Code of Federal Regulations. Title 40–Protection of Environment. Part 141–National Primary Drinking Water Regulations.* 7-1-13 Edition. Washington, DC: Office of the Federal Register, National Archives and Records Administration; U.S. GPO, 2013. On the Web at
https://www.govinfo.gov/content/pkg/CFR-2013-title40-vol24/pdf/CFR-2013-title40-vol24-part141.pdf

* ANL 2007

Argonne National Laboratory. *Radiological and Chemical Fact Sheets to Support Health Risk Analyses for Contaminated Areas*, 2007. On the Web at https://remm.hhs.gov
› ANL_ContaminantFactSheets_All_070418.pdf

* Arun et. al. 2016

Siddharth Arun, Lei Liu and Gizem Donmez, "Mitochondrial Biology and Neurological Diseases", Current Neuropharmacology, Vol. 14, 143, 2016.

* ASN 2022

Livre Blanc Tritium, Groupes de réflexion menés de mai 2008 à avril 2010 sous l'égide de l'ASN et Bilan annuel des rejets de tritium pour les installations nucléaire de base de 2016 à 2020, Authorité de Sûreté Nucléaire, France, February 8, 2022. On the Web at https://www.asn.fr/sites/tritium/

* BEIR IV 1988

Committee on the Health Risks of Ionizing Radiations, Board on Radiation Effects Research. *Health Risks from Exposure to Radon and Other Alpha Emitters.* National Research Council of the National Academies. Washington, DC: National Academies Press, 1988.

* BEIR VII 2006

Committee to Assess Health Risks from Exposure to Low Levels of Ionizing Radiation, Board on Radiation Effects Research. *Health Risks from Exposure to Low Levels of Ionizing Radiation: BEIR VII–Phase 2*. National Research Council of the National Academies. Washington, DC: National Academies Press, 2006.

＊ Bleyl and Schoenwolf 2014

Steven B. Bleyl and Gary C. Schoenwolf, "What Is the Timeline of Important Events During Pregnancy that May Be Disrupted by a Teratogenic Exposure?" in *Teratology Primer, 3rd Edition,* Teratology Society, no date, 2014 inferred from reference list.

On the Web at https://www.birthdefectsresearch.org/primer/PrimerPDF/What-Is-the-Timeline-of-Important-Events-During-Pregnancy-That-May-Be-Disrupted-by-a-Teratogenic-Exposure.pdf

＊ Braidwood 2019

Braidwood Station, Units 1 and 2, 2019 Annual Effluent Release Report, filed with the Nuclear Regulatory Commission, June 24, 2020, ML20122A017. On the Web at https://www.nrc.gov/docs/ML2012/ML20122A019.pdf

＊ Burke et al. 2002

Beth Burke et al., *Preventing Neural Tube Birth Defects: A Prevention Model and Resource Guide,* Centers for Disease Control and Prevention, 2002

＊ Canadian Nuclear Safety Commission 2010

Canadian Nuclear Safety Commission, Health Effects, Dosimetry, and Radiological Protection of Tritium: Part of the Tritium Studies Project, INFO-0799, Government of Canada, 2010, at

https://nuclearsafety.gc.ca/pubs_catalogue/uploads/CNSC_Health_Effects_Eng-web.pdf

＊ CDC 2022

Zinc. Centers for Disease Control and Prevention website (page last modified on January 21, 2022) . On the Web at https://www.cdc.gov/nutrition/infantandtoddlernutrition/vitamins-minerals/zinc.html

＊ Danielson 2020

Krissi Danielson, Making Sense of Miscarriage Statistics, verywellfamily.com, updated April 20, 2020. On the Web at https://www.verywellfamily.com/making-sense-of-miscarriagestatistics-2371 721

* Dentel 2015
Glenn T. Dentel, US NRC to Robert Braun, letter of April 21, 2015 with enclosure. See page 19 of the Enclosure. On the Web at https://www.nrc.gov/docs/ML1511/ML15111A209.pdf
* DOE 1994
DOE Handbook: Primer on Tritium Safe Handling Practices. Washington, D.C.: Department of Energy, December 1994. On the Web at https://www.osti.gov/servlets/purl/10196000
* Duke Energy 2017
Duke Energy. Annual Radiological Environmental Operating Report: Duke Energy Corporation Oconee Units 1, 2, and 3, filed with the U.S. Nuclear Regulatory Commission on May 15, 2017. On the Web at https://www.nrc.gov/docs/ML1714/ML17142A068.pdf
* Eisenbud and Gesell 1997
Merril Eisenbud and Thomas Gesell. *Environmental Radioactivity: From Natural, Industrial and Military Sources,* 4th ed., San Diego, CA: Academic Press, 1997.
* EPA 2011
Office of Radiation and Indoor Air. *EPA Radiogenic Cancer Risk Models and Projections for the U.S. Population.* (EPA 402-R-11-001) Washington, DC: U.S. Environmental Protection Agency, April 2011. On the Web at https://www.epa.gov/sites/default/files/2015-05/documents/bbfinalversion.pdf
* EPA ANPR 2014
U.S. Environmental Protection Agency. "40 CFR Part 190: Environmental Radiation Protection Standards for Nuclear Power Operations: Advance Notice of Proposed Rulemaking," *Federal Register,* v. 79, no. 23 (February 4, 2014) : pp. 6509-6527. On the Web at https://www.govinfo.gov/content/pkg/FR-2014-02-04/pdf/2014-02307.pdf
Docket ID No. EPA-HQ-OAR-2013-0689.FRL–9902–20–OAR.RIN 2060–AR12.
* EWG 2005
Environmental Working Group, "Body Burden: The Pollution in Newborns," July 14, 2005. On the Web at https://www.ewg.org/research/body-burden-pollution-newborns

* Exelon 2017

Exelon. Braidwood Station Annual Operating Environmental Reports Units 1 and 2 : 1 Jauary through 31 December 2016, filed by Exelon Corporation with the U.S. Nuclear Regulatory Commission on May 12, 2017. On the Web at https://www.nrc.gov/docs/ML1713/ML17132A389.pdf

* FGR 12

Keith F. Eckerman and Jeffrey C. Ryman. *External Exposure to Radionuclides in Air, Water, and Soil: Exposure-to-Dose Coefficients for General Application, Based on the 1987 Federal Radiation Protection Guidance.* (EPA 402-R-93-081. Federal Guidance Report No. 12) Oak Ridge, TN: Oak Ridge National Laboratory; Washington, DC: Office of Radiation and Indoor Air,

U.S. Environmental Protection Agency, September 1993. On the Web at https://www.epa.gov/sites/default/files/2015-05/documents/402-r-93-081.pdf

* Franke 2002

Bernd Franke, Review of Radiation Exposures of Utrik Atoll Residents: Final Report, ifeu-Institut für Energie- und Umweltforschung, Heidelberg, Germany, June 2002

* Friedman 1962

Milton Friedman, with the assistance of Rose D. Friedman. *Capitalism and Freedom.* Chicago: University of Chicago Press, 1962. On the Web at https://press.uchicago.edu/ucp/books/book/chicago/C/bo68666099.html

* Garnier et al. 2013

J. Garnier-Laplace, S. Geras'kin, C. Della-Vedova , K. Beaugelin-Seiller, T.G. Hinton, A. Real, A. Oudalova, "Are radiosensitivity data derived from natural field conditions consistent with data from controlled exposures? A case study of Chernobyl wildlife chronically exposed to low dose rates," *Journal of Environmental Radioactivity,* Vol. 121, 2013, pp. 12-21. J.D. Harrison, A. Khursheed, and B.E. Lambert, "Uncertainties in dose and coefficients for intakes of tritiated water and organically bound forms of tritium by members of the public", *Radiation Protection Dosimetry,* Vol. 98 No. 3, 299-311 (2002)

＊ Hill and Johnson 1993
Robin L. Hill and John R. Johnson. "Metabolism and Dosimetry of Tritium." *Health physics,* v. 65, no. 6（December 1993）, pp. 628-647
＊ ICRP 49（1986）
Developmental Effects of Irradiation on the Brain of the Embryo and Fetus
International Commission on Radiological Protection, *Developmental Effects of* the *Irradiation on the Brain of the Embryo and Fetus,* ICPP 49 1986. On the web at https://journals.sagepub.com/doi/pdf/10.1177/ANIB_16_4 or https://www.icrp.org/publication.asp?id=ICRP%20Publication%2049
＊ ICRP 60（1991）
1990 Recommendations of the International Commission on Radiological Protection.（ICRP Publication 60 ; Annals of the ICRP v. 21 nos. 1-3）. Oxford; New York: Pergamon, 1991.
＊ ICRP 88（2002）
Doses to the Embryo and Fetus from Intakes of Radionuclides by the Mother, ICRP 88, Corrected Version 2002 at https://www.icrp.org/publication.asp?id=ICRP%20Publication%2088
＊ ICRP 90（2003）
International Commission on Radiological Protection. Biological *Effects after Prenatal Irradiation*（*Embryo and Fetus*）. ICRP Publication 90. Annals of the ICRP, 33（1-2）2003. Approved October 2002. Oxford, UK: Pergamon, 2003.
＊ IEER 2012
Arjun Makhijani. "Comments of the Institute for Energy and Environmental Research（IEER）on *Analysis of Cancer Risks in Populations near Nuclear Facilities: Phase I,* Prepublication copy." Takoma Park, MD: IEER, June 5, 2012. On the Web at https://ieer.org/resource/nuclear-power/ieer-analysis-cancer-risks-populations/
＊ IRSN 2010
P. Calmon and J. Garnier-Laplace. Tritium and the Environment. Paris, France : Institut de Radioprotection et de Sûreté Nucleaire, 2010. On the Web at https://en.irsn.fr/EN/Research/publications-documentation/radionuclides-sheets/environment/Documents/Tritium_UK.pdf

* Jaeschke and Bradshaw 2010

Benedict C. Jaeschke and Clare Bradshaw, Bioaccumulation of tritiated water in phytoplankton and trophic transfer of organically bound tritium to the blue mussel, *Mytilus edulis, Journal of Environmental Radioactivity*, 2013. On the Web at https://www.sciencedirect.com/science/article/abs/pii/S0265931X12001890

* Jones circa 2007

C. G. Jones, "PWR Tritium Issues," Nuclear Regulatory Commission document ML101450017, no date, circa 2007 at https://www.nrc.gov/docs/ML1014/ML101450017.pdf

* Khadim et al. 1992

M. A. Kadhim, D. A. Macdonald, D. T. Goodhead, S. A. Lorimore, S. J. Marsden & E. G. Wright, "Transmission of chromosomal instability after plutonium α-particle irradiation," *Nature*, Vol. 355, 20 February 1992.

* Kim et al. 2006

Grace J.Kim, Krish Chandrasekaran, and William F. Morgan, "Mitochondrial dysfunction, persistently elevated levels of reactive oxygen species and radiation-induced genomic instability: a review," *Mutagenesis*, Vol. 21, No. 6, October 2006 at doi:10.1093/mutage/gel048

* Kim, Baglan, and Davis 2013

S. B. Kim, N. Baglan, and P. A. Davis, *Current understanding of organically bound tritium (OBT) in the environment*, Chalk River Laboratories, Canada, 2013. On the Web at https://www.osti.gov/etdeweb/biblio/22248057

* List 1955

Robert J. List, *Worldwide Fallout from Operation CASTLE, U.S.* Department of Commerce, May 17, 1955. On the Web at https://doi.org/10.2172/4279860

* Makhijani 2022

Arjun Makhijani. Memorandum to the National Academies Committee on the Current Status and Development of a Long-term Strategy for Low-dose Radiation Research in the United States, Institute for Energy and Environmental Research, January 10, 2022. On the Web at https://ieer.org/wp/wp-content/uploads/2022/01/Arjun-Makhijani-memorandum-to-National-Academies-committee-on-

low-level-radiation-2022-01-10.pdf
* Makhijani 2009
Arjun Makhijani. *The Use of Reference Man in Radiation Protection Standards and Guidance with Recommendations for Change,* Institute for Energy and Environmental Research, Takoma Park, Maryland, January 2009. On the Web at https://ieer.org/wp/wp-content/uploads/2009/08/referenceman.pdf
* Makhijani and Albright 1983
Arjun Makhijani and David Albright. Irradiation of Personnel at Operation Crossroads: An Evaluation Based on Official Documents. Washington, D.C.: International Radiation Research Institute, 1983. On the Web at https://ieer.org/wp/wp-content/uploads/1983/05/crossroads.pdf
* Makhijani and Boyd 2004
Arjun Makhijani and Michele Boyd, Nuclear Dumps by the Riverside: Threats to the Savannah River from Radioactive Contamination at the Savannah River Site, Institute for Energy and Environmental Research, Takoma Park, Maryland. 2004, at
http://ieer.org/wp/wp-content/uploads/2004/03/SRS-fullrpt.pdf
* Makhijani and Makhijani 2009
Annie Makhijani and Arjun Makhijani, "*Radioactive Rivers and* Rain," Science for Democratic Action, Vol. 16, No. 1, Institute for Energy and Environmental Research, August 2009. On the Web at http://ieer.org/wp/wp-content/uploads/2012/01/SDA16-1.pdf
* Marešova et al. 2017
Diana Marešova, Eduard Hanslik, Eva Juranova, Barbora Sedelárvá, "Determination of low-level tritium concentrations in surface water and precipitation in the Czech Republic," Journal of Radioanalytical and Nuclear Chemistry, Vol. 314. No, 11, August 2017 at https://www.researchgate.net/profile/EvaJuranova/publication/319179159_Determination_of_low-level_tritium_concentrations_in_surface_water_and_precipitation_in_the_Czech_Republic/links/59ede6ffa6fdccbbefd20dd2/Determination-of-lowlevel-tritium-concentrations-in-surface-water-and-precipitation-in-the-Czech-Republic.pdf
* Menzel 2011

Hans Menzel. Effective Dose : *A Radiation Protection Quantity*. [Presented at the] *ICRP Symposium* on the International System of. Radiological Protection. Bethesda, MD, USA. October 24-26, 2011. [Ottawa, Ont.: ICRP, 2011]. On the Web at https://www.icrp.org/docs/Hans%20Menzel%20Effective%20Dose%20A%20Radiation%20Protection%20Quantity.pdf

＊ Nagasawa and Little 1992

Hatsumi Nagasawa and John B. Little. "Induction of Sister Chromatid Exchanges by Extremely Low Doses of a-Particles," *Cancer Research*, Vol. 52, November 15, 1992, p. 970. On the Web at https://cancerres.aacrjournals.org/content/canres/52/22/6394.full.pdf

＊ NAS-NRC 1990 (1996 printing)

Arthur C. Upton (Chair) et al. *Health Risks from Exposure to Low Levels of Ionizing Radiation: BEIR V*. Committee on the Biological Effects of Ionizing Radiations, Board on Radiation Effects Research, National Research Council. Washington, DC: National Academy Press, 1990. On the Web at http://www.nap.edu/download.php?record_id=1224. Online version has 1996 publication date on title page, with 1997 printing date, without explanation.

＊ NAS-NRC 2006

Richard R. Monson (Chair) et al. *Health Risks from Exposure to Low Levels of Ionizing Radiation: BEIR VII - Phase 2. Committee* to Assess Health Risks from Exposure to Low Levels of Ionizing Radiation, Board on Radiation Effects Research, National Research Council of the National Academies. Washington, DC: National Academies Press, 2006. On the Web at http://www.nap.edu/catalog.php?record_id=11340

＊ NAS-NRC 2012

National Research Council. Committee on the Analysis of Cancer Risks in Populations near Nuclear Facilities-Phase I. *Analysis of Cancer Risks in Populations near Nuclear Facilities: Phase I*. Washington, DC: National Academy Press, 2012. On the Web at http://www.nap.edu/catalog.php?record_id=13388

＊ NIST 2001

NIST Chemistry WebBook SRD 69, *Water*, National Institute of Science and Technology, 2001– date inferred from reference list. On the Web at https://webbook.nist.gov/cgi/cbook.cgi?ID=C7732185

https://webbook.nist.gov/cgi/cbook.cgi?ID=C7732185&Units=SI&Mask=2090

Note: It looks like it was updated. One of the references was published in 2005.

＊ NRC 2017

List of Leaks and Spills at U.S. Commercial Nuclear Power Plants September, 2017. On the Web at https://www.nrc.gov/docs/ML1723/ML17236A511.pdf

＊ NRC 2015

Nuclear Regulatory Commission, *Physical and Chemical Properties of Tritium*, NRC ML 2034, Attachment A, 2015– date inferred from reference list. On the Web at https://www.nrc.gov/docs/ML2034/ML20343A210.pdf

＊ NRC 2006

Nuclear Regulatory Commission, 10 CFR Part 50. *Criticality Control of Fuel Within Dry Storage Casks or Transportation Packages in a Spent Fuel Pool,* Nuclear Regulatory Commission, 2006. On the Web at https://www.govinfo.gov/content/pkg/FR-2006-11-16/pdf/E6-19372.pdf or https://www.federalregister.gov/documents/2006/11/16/E6-19372/criticality-control-of-fuel-within-dry-storage-casks-or-transportation-packages-in-a-spent-fuel-pool

＊ NRC 2005

Nuclear Regulatory Commission, "Braidwood Station Groundwater Tritium Investigation, Nuclear Regulatory Commission document ML102450690, December 20, 2005

https://www.nrc.gov/docs/ML1024/ML102450690.pdf

＊ NRPB 2001 訳注 ICRP2002

U.K. National Radiological Protection Board. *Doses to the embryo/fetus and neonate from intakes of radionuclides by the mother Part 1: Doses received in utero and from activity present at birth,* 2001 at https://journals.sagepub.com/doi/pdf/10.1177/ANIB_31_1-3

＊ ODWAC 2009

Ontario Drinking Water Advisory Council, Report and Advice on the Ontario Drinking Water Standard for Tritium, 2009, hereafter

ODWAC 2009.
* Pirini et al. 2015
Francesca Pirini, Elisa Guida, Fahcina Lawson, Andrea Mancinelli, and Rafael Guerrero-Preston, "Nuclear and Mitochondrial DNA Alterations in Newborns with Prenatal Exposure to Cigarette Smoke," *International Journal of Environmental Research and Public Health*, Vol. 12, 2015. On the Web at www.mdpi.com/journal/ijerph
* Rice 2018
William R. Rice. The high abortion cost of human reproduction, bioRxv 2018, preprint, "not certified by peer review), July 18, 2018, at https://www.biorxiv.org/content/10.1101/372193v1.full.pdf
* Ruder et al. 2008
Elizabeth H. Ruder, Terryl J. Hartman, Jeffrey Blumberg, and Marlene B. Goldman. "Oxidative stress and antioxidants: exposure and *impact on female fertility*," *Hum Reprod Update*, Vol. 14, No. 4, 2008, at https://pubmed.ncbi.nlm.nih.gov/18535004/
* Sandike 2014
S. Sandike, PWR Airborne Tritium & Review of RG 1.21 data, EnVoNuTek, llc, June 2014. On the web at https://documents.pub/document/pwr-airborne-tritium-review-of-rg-121-2014-6-12-curies-of-airborne-h-3-released.html?page=5
* Sansare, Khanna, and Kariodkar 2011
K Sansare, V Khanna and F Karjodkar, "Early victims of X-rays: a tribute and current perception," Denotmaxillofacial Radiology, Vol. 40, 2011 at https://www.ncbi.nlm.nih.gov/pmc/articles/PMC3520298/
* Sejkora 2006
Ken Sejkora, *Atmospheric Sources of Tritium and Potential Implications to Surface and Groundwater Monitoring Efforts,* Entergy Nuclear Northeast – Pilgrim Station, presented at the 16 thannual RETS-REMP Workshop, Mashantucket, CT, 26-28 June 2006.
https://hps.ne.uiuc.edu/numug/archive/2008/Sejkora-abstract.pdf
* SC&A 1997
S. Cohen & Associates, Inc. *Comparison of Critical Organ and EDE Radiation Dose Rate Limits for Situations Involving Contaminated Land*. Prepared for US. Environmental Protection Agency, Office of Radiation and Indoor Air. McLean, VA: SC&A, April 18, 1997.

* Arun, Liu, and Donmez 2016

Siddharth Arun, Lei Liu, and Gizem Donmez, "Mitochondrial Biology and Neurological Diseases," *Current Neuropharmacology,* Vol. 14, 2016 at https://pubmed.ncbi.nlm.nih.gov/26903445/

* Straume 1991

T. Straume. *Health Risks From Exposure to Tritium.* UCRL-LR105088. Livermore, CA: Lawrence Livermore National Laboratory. February 1991.

* Vistra 2017

Vistra. Comanche Peak Annual Radiological Operating Environmental Report for 2016, filed with the U.S. Nuclear Regulatory Commission on April 27, 2017. On the Web at https://www.nrc.gov/docs/ML1713/ML17132A389.pdf

* Waker 2012

Anthony Waker, Radiobiology Basics – RBE, OER, LET, University of Ontario Insttute of Technology, November 22, 2012

* Yu et al. 2020

Shuangying Yu · Heather A. Brant ,· John C. Seaman, · Brian B. Looney,· Susan D. Blas4,· A. Lawrence Bryan, Legacy Contaminants in Aquatic Biota in a Stream Associated with Nuclear Weapons Material Production on the Savannah River Site, Archives of Environmental Contamination and Toxicology, Vol. 79, , 2020. On the Web at https://doi.org/10.1007/s00244-020-00733-y

* Zamorano and Chuaqui 1979

Lucia Zamorano and Benedicto Chuaqui, "Teratogenic Periods for the Principal Malformations of the Central Nervous System", *Virchows Archiv A*, vol. 384, 1979,

* Zerriffi 1996

Hisham Zerriffi. Tritium: The environmental, health, budgetary, and strategic effects of the Department of Energy's decision to produce tritium, Institute for Energy and Environmental Research, Takoma Park, Maryland January 1996, at

https://ieer.org/resource/health-and-safety/tritium-environmental-health-budgetary-strategic-effects/

アペンディックス A: 放射能雨

第3章に記したように、原子力発電所は定常的にトリチウム水を放出し、トリチウム水蒸気を煙突から排出します。エネルギー・環境研究所IEERは、イリノイ州にあるブレイドウッド原子力発電所が、1年間に放出するトリチウムの特別な放出モデル計算を依頼しました。この原子力発電所は、以下に示すいくつかの理由で選ばれました。

- その原子炉はPWR（加圧水型原子炉）で、米国のみならず、世界の代表的な原子炉です。
- その発電所でのトリチウム漏洩は、原子力発電所が健康や環境へ及ぼす脅威について、深刻な論争をもたらしました。
- この地域に住み、娘さんが脳腫瘍を発症した物理学者で工学者でもあるサウエル博士は、その発電所の周辺環境におけるがんのデータをまとめました。疫学研究ではありませんが、そのデータは示唆的です。
- その論争にもかかわらず、私的利用の井戸や飲料水、地産食料に及ぼす放射能雨の影響に関してモニタリングを義務付ける活動はこれまで行われてきませんでした。

我々は、第7章で、私的利用井戸の所有者たちに、公共利用の飲料水監視システムに要求されるような方法で、彼らの水を検査することを義務付けないのは、合理的であると記述しました。しかしこのことは、原子力発電所を含む事業者たちに、地域住民たちの飲料水に影響を与えるトリチウムのような汚染物質を放出することを許してしまう非常に大きな逃げ道を与えてしまいます。これは重大な環境保護の失敗例の一つです。

自由経済と小さな政府の論客であるミルトン・フリードマン[訳注B-1]でさえ、個人の自由は、いろいろなやりかたで制限されるべきであると述べています。彼は政府の役割を決定する文脈の中でこのことを言っています。「1人の人間が、隣人を殺傷する自由は、他の人が生きる自由を守ることを犠牲にしなくてはなりません」。同じ文脈の中で、彼はまたこうも述べています「人々は、彼らの所有する土地を流れる水を汚染することに自由であってはなりません、なぜならそれは、はからずも『良い水を悪い水に変えることを事実上他の人々に強制するからです』。人々が、『個人の行動で良い水を悪い水に変えたりすることを防ぐこと、あるいは適正な補償をさせることが難しい』という状況下にあっては、政府による行動が必要です[101]。このことは、まさに、NRCの免許所有者（他の多くの産業も含めて）の近隣住民のおかれている状況を表しています。

それ故、EPA（米国環境保護庁）及びNRC（米国原子力規制委員会）の責任は、政府の適正な役割を最少に評価するとしても、産業界が、人々を、良い水を悪い水に変える立場に置くのを防ぐことを含め、適切な救済策を考案することです。

このアペンディックスの後半（アペンディックスB）は、ブレイドウッド原子力発電所の所有者であるエクセロン社が米国ＮＲＣとともに提出したデータを用いて、2015年に行ったモデリングからドイツのマチアス・ロウのコンサルティング会社が作成しました[訳注B-2]。

訳注

訳注B-1　ミルトン・フリードマンは米国の経済学者、1976年ノーベル経済学賞受賞、2006年94歳で死去。

訳注B-2　原本には、アペンディックスBがある。アペンディックスBは「米国イリノイ州ブレイドウッド原子力発電所からのトリチウム放出」と題する詳細な解析であるが、かなり専門的なので、著者の了解のもとで、この翻訳本では省略した。ご関心のあるかたは、オリジナルの原本は以下のネットから無料で取り出せるので、そちらから参照のこと。

https://ieer.org/wp/wp-content/uploads/2023/02/Exploring-Tritum-Dangers.pdf

米国イリノイ州にあるブレイドウッド原子力発電所からの１年間にわたるトリチウム放出と、雨水中トリチウム濃度が詳細に解析されている。参考までに、アペンディックスＢでの雨水中トリチウム濃度についての解析結果の例を下図で示す。P1からP4地点は、どちらも発電所から１ｋｍ圏内にある。ちなみに図中で１ナノキュリー（nCi）は37ベクレル（Bq）に相当する。図中で各月の棒グラフは、左から平均雨水中濃度（ｎ Ci/L）、計数値（1時間あたりのカウント数）、最大雨水中濃度（nCi/L）である。

101　フリードマン1962年第２章

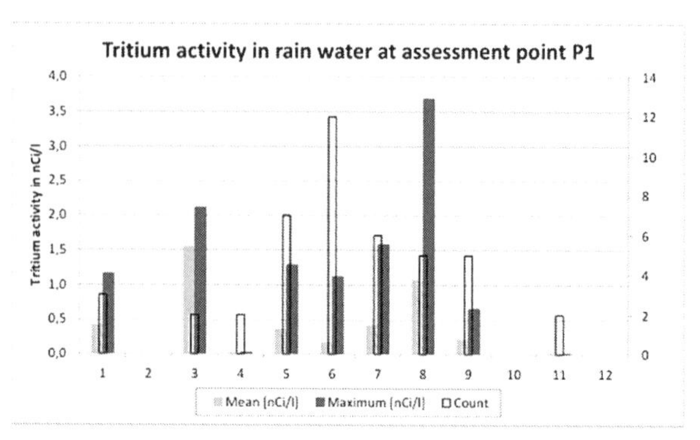

Figure 56: Tritium activity in rainwater at assessment point P1 per month

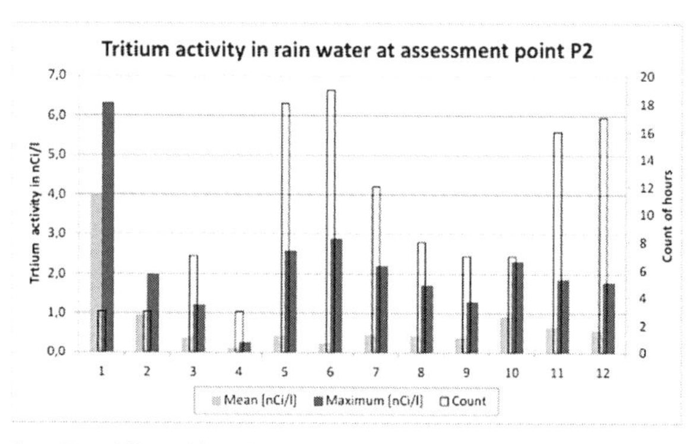

Figure 57: Tritium activity in rainwater at assessment point P2 per month

米国ブレイドウッド原子力発電所周辺での月毎
雨水中トリチウム濃度（2017年、P1及びP2地点）

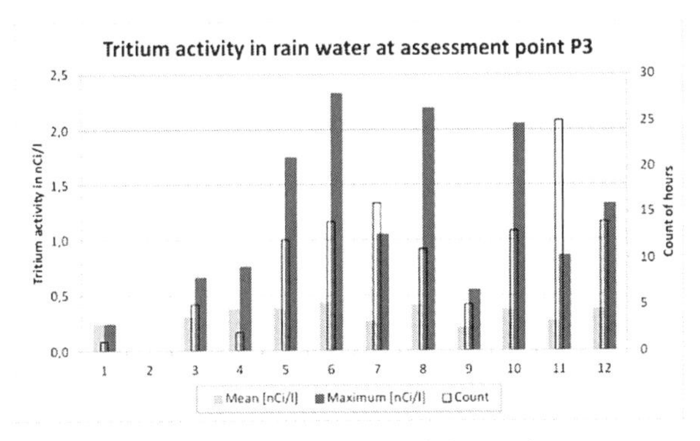

Figure 58: Tritium activity in rainwater at assessment point P3 per month

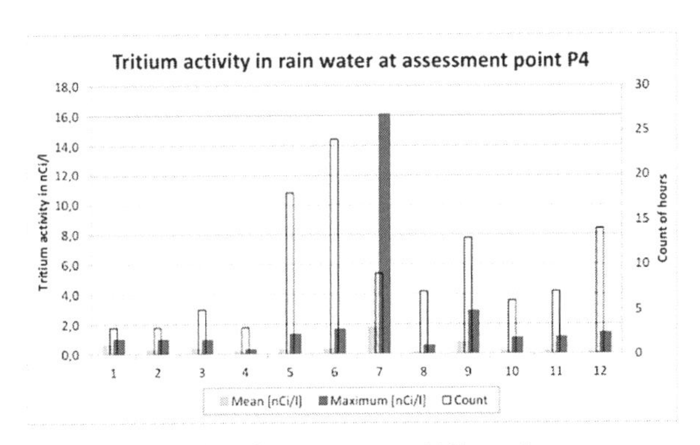

Figure 59: Tritium activity in rainwater at assessment point P4 per month

米国ブレイドウッド原子力発電所周辺での月毎
雨水中トリチウム濃度（2017 年、P3 及び P4 地点）

日本語版へのあとがき

私は『トリチウムの危険性を探る』の著述を、ある種の挫折感から数年前に開始しました。1990年代後半から同僚と私が取り組んできた努力にもかかわらず、胎盤を通過して妊婦とその体内で発育する胎児に影響を与える放射性核種によってもたらされるリスクに真剣に取り組むよう米国当局を説得することができませんでした。トリチウム（T）– 放射性水素 – はこれらの放射性核種の中で最も重要なものの1つです。しかしそうあるべきではありませんが、それはおそらく最も無視されてきました。結局のところ、酸素と結合して H_2O の代わりに HTO または T_2O となり、放射性の水が生成されます。それは生命の根源である水を私たち自身の体にとって有害なものにしてしまいます。

私は、私のトリチウムに関する本『Exploring Tritium Dangers』が、天野光さんからいただいたような翻訳のオファーのような、広範な注目を集めることは予想していませんでした。結局のところ、米国国立アカデミーは、多世代の問題（例えば、トリチウムのような放射性核種が胎盤を通過するときに生じる）を分析するという、私と科学者や医師を含む世界中の100人以上の人々からの1999年の訴えを事実上拒否したのです。問題を不特定の将来の日付（まだ到着していない）に延期したのです[102]。しかし、2011年の福島の原子炉メルトダウンにより、主にトリチウム水と他の多くの放射性核種を含む100万トン以上の放射性廃水を投棄するという日本の決定により、すべてが変わりました。

2022年初頭以来、私は太平洋諸島フォーラムによって任命された5人の科学者からなる専門家委員会のメンバーを務めており、日本の海洋投棄計画について加盟国政府に助言を行っています。専門家委員会は、深刻な科学的欠陥を伴う環境影響評価や、偏った廃棄物タンクのサンプリング手順など、東京電力（TEPCO）側の不十分な科学に対する十分な証拠を発見しました[103]。専門家委員会は、日本の規制当局が定めた1リットルあたり1,500ベクレルの制限値の3分の1のトリチウムレベルで魚卵が損傷または死滅するという証拠を東京電力に提出しまし

102 この出来事は、私の2022年1月の国立アカデミー委員会への覚書に記載されています。アルジュン・マクジャニ、「低レベル放射線研究に関する推奨事項」、低線量放射線研究のための長期戦略開発委員会への覚書 米国、国立科学アカデミー、工学及び医学部門、エネルギー環境研究所、メリーランド州タコマパーク、2022年1月10日。
https://ieer.org/wp/wp-content/uploads/2022/01/Arjun-Makhijani-memorandum-to-National-Academies-committee-on-low-level-radiation-2022-01-10.pdf

103 専門家パネルの2022年8月のレポートは、
https://www.forumsec.org/wp-content/uploads/2023/02/Annex-4-Expert-Panel-Memorandum-Summarizing-Our-Views-...-2022-08-11.pdf からダウンロードできます。
2022年8月のレポートの日本語訳は、
https://ieer.org/wp/wp-content/uploads/2023/10/Japanese-translation-of-August-2022-Exper-Panel-report.pdf からダウンロードできます。

た[104]。国際原子力機関（IAEA）は、海洋投棄が正当化されないという事実を無視し、独自の基本的な安全原則と指針の一部を考慮していなかったことが判明しました。

専門家パネルは、汚染水をより適切に処理するための代替え案さえ提案しました。それは、水をろ過し（現在東京電力が提案しているように）[訳注 C-1]、それから公衆と接触する可能性がほとんどないコンクリートを作るというものです（福島第一原発の敷地内で使用されているコンクリートのように）。この具体的な提案は、太平洋とそれに依存する人々や生態系への被害を回避するものとなります。それはトリチウムからの公衆の放射線被ばく線量を実質的にゼロに減らすことになります。海洋投棄や日本の近隣諸国に被害を与えることなく、汚染水の入ったタンクをより速く、より効率的に空にすることができるでしょう[105]。

しかし、この記事の執筆時点（訳注：2023年10月）では、専門家委員会が提供した分析と証拠はすべて無駄になっています。この計画は、東京電力、日本の規制当局、日本政府、そして驚

---

104 Lydia Bondareva、Nadezhda Kudryasheva、および Ivan Tananaev、「トリチウム：水生生物の線量と反応：（モデル実験）」、環境、第9巻、2022年の表3を参照してください。
“Tritium: Doses and Responses of Aquatic Living Organisms: (Model Experiments) ”, Environments, Volume 9, 2022.
https://www.mdpi.com/2076-3298/9/4/51

105 専門家パネルの具体的な提案は、
https://ieer.org/wp/wp-content/uploads/2023/06/Concrete-paper-Final-for-posting-with-affiliations-2023-06-12-v-2.pdf からダウンロードできます。

くべきことにIAEAによってほとんど真剣に検討されずに回避されました。この海洋投棄は、IAEA 自身の安全原則（基本安全原則第4号）および一般安全指針第8号（GSG-8）の関連する安全指針の下では正当化されませんが、IAEA は、この問題を評価する正当性を考慮することを繰り返し拒否し、次のように述べました。「それをするのは日本の規制当局の責任でした」。IAEA は、東京電力の重大な欠陥のある環境分析に基づいて、影響は「無視できる」だろうと述べました。その結果、IAEA はその結論に対する健全な科学的根拠を持っていませんでした。

2023年6月、日本政府は太平洋諸島フォーラムに書簡を送り、廃炉の必要性から海洋投棄は正当化される、つまり他の廃炉活動のためのスペースを空けるために放射性の水を保管しているタンクを空にする必要があると述べました。日本はまた、海洋投棄は日本に利益をもたらすものであり、近隣諸国に害を及ぼすものではないと述べました[106]。後者の記述は明らかに間違っています。IAEA、国際放射線防護委員会ICRP、および主要な規制機関の放射線リスクに関する中心的な結論の1つは、固形がんのリスクは線量に比例し、それ以下ではリスクがゼロになるしきい値はないというものです。したがって、た

106 日本の書簡とそれに対する回答は、https://ieer.org/resource/fukushima/iaea-abandons-interests-of-pacific-region-countries-as-japan-prepares-to-dump-radioactive-water-into-the-pacific-ocean-in-violation-of-key-iaea-requirements/ からダウンロードできます。

とえわずかな曝露でもリスクが生じます。それらは相応に小さくなりますが、ゼロではありません。日本が海洋投棄する炭素14（半減期5,730年）やヨウ素129（半減期1,570万年）などの長寿命放射性核種は、膨大な人口に実質的に永久に影響を与えるでしょう。これは、たとえ個人の線量とリスクが非常に小さいままであっても、集団線量の累積が大きくなる可能性があります。この結論は、東京電力の環境への影響に関する声明が不十分であるため、現時点では科学的に十分に裏付けられていません。

さらに、IAEA ガイドラインでは社会的および経済的被害を考慮することが求められています。しかし、IAEA は最終報告書の中で、こうした「非技術的」危害は考慮しないと明言しました[107]。では、なぜその規則やガイドラインにそれらが含まれているのでしょうか？ 例えば、韓国の人々はすでに海塩の価格上昇による社会的、経済的被害を経験しています。事実上、IAEA は日本政府を優先して太平洋地域の人々と国々の利益を蹂躙したのです。

確立された科学と規制を無視し、危害と正当化について明らかに誤った結論を主張することによって、日本は、ルールと科学が何を意味するのか、特に正当化という重要な問題については自ら決定し、それに基づいて方向性を決定できるという立場をとってきました。他の人々や政府に意思決定の役割を与えることなく、太平洋地域のすべての国に影響を与える行動をと

107 福島第一原子力発電所における ALPS 処理水の安全性審査に関する包括的報告書 IAEA、2023年、p.19.

っています。日本は、他国に危害は及んでいないと判断し、その活動は正当であると主張し、海洋汚染を決定するあらゆる国に門戸を開けたのです。IAEA は、この弁護不能かつ非科学的な正当化アプローチについては何も述べませんでした。特にこの活動が明らかに正当化されていないため、日本と IAEA は協力して生態系攪乱への扉を開けたのです。

要するに、社会的、経済的被害はすでに明らかになっています。日本は海洋投棄を開始し、太平洋地域の何百万人もの人々を驚愕させ、憤慨させました。したがって、私の本は非常に残念な形で関連性のあるものになってしまいました。

フランス、米国、英国、中国、韓国など他の国々が大量のトリチウムを海洋投棄していることは、日本がそれを行うことを正当化する理由にはなりません。それどころか、全世界が「希釈が汚染の解決策である」という考えを放棄しなければなりません。太平洋を含む世界の海洋は、さまざまな方向からの攻撃にさらされています。害が増えるたびに、別の害が積み重なっていきます。

日本には、投棄を止め、海洋汚染を伴わない、より安全な方法を実施する比較的簡単な方法があり、それが専門家委員会（上記）の具体的な選択肢です。専門家パネルの具体的な提案を真剣に検討することを拒否することで、日本はまた、IAEA の最適化要件（基本原則：基本安全原則 5 および関連するガイダンス〔GSG-8〕）にも違反しています。最適化では、放射線被ばくを「最低レベルに保つ」ことが要求されます。専門家パネルの具体的な選択肢は、線量を海洋投棄の選択肢よりもはるかに低く抑えるものであり、トリチウムによる公衆への線量は本質的にゼロとなり、日本の漁業関連業への被害は回避されるでしょう。海洋投棄を当然のこととして受け入れ、放射線被害を「無視できるもの」として無視し、それによって、少量の被ばくは小さなリスクをもたらすが、リスクがゼロではないという自らの文書の結論を無視しています。日本の漁業者への補償は家族を養うことを可能にするかもしれませんが、太平洋への長期にわたる被害や、IAEA が日本と協力して規制を無視し、それによって規制を損なってきたという事実によって引き起こされた深刻な被害を元に戻すことはできません。

より良い選択肢があるにも関わらず、日本政府は海洋投棄を進める決定をしています。ジュングミン・カン氏（作家であり、ブリティッシュコロンビア大学公共政策・国際問題大学院の非常勤客員研究員）は、海洋投棄を進めるという日本政府の決定は、将来のために前例を作るためかもしれないと示唆しました。年間 800 トンの使用済み燃料を処理してプルトニウムとウランを分離するように設計されている 六ヶ所再処理工場（青森県）からはさらに大量の排出量があります。実際、2006 年から 2008 年にかけての本格操業前アクティブ試験中、425 トンの使用済み燃料が再処理された際、福島タンク内の総量の約 2.5 倍のトリチウムが海洋に放出されました[108]。六ヶ所村再処理工場を所有する日本原燃株式会社のデータによると、六ヶ所村からのト

108 http://kakujoho.net/npt/tritium6ks3.html#prcd
の月次および累積トリチウム放出データから計算

リチウムの年間放出量は、福島の放射性汚染水から放出される予定の年間量の300倍から600倍になるといいます[109]。これは、ノルマンディー半島のラ・アーグにあるフランスの同様の再処理工場からの英仏海峡への排出量に匹敵するでしょう。ラ・アーグの放出は北極に至るまで海洋を汚染しており、過去には（英国の再処理工場稼働時の放出と同様に）西ヨーロッパ政府によって反対されたことがありますが、阻止には至りませんでした。

日本はすでに45トン以上の分離プルトニウムを保有しています[110]。すでに利用可能な分離プルトニウムを使い切るには、1,000メガワットの原子炉（炉心30％のプルトニウムを含む）を約100炉年運転する必要があります。2011年の福島事故後に日本のすべての原子炉が（2012年までに）停止されたことを受けて、2023年9月末の時点で再稼働したのはわずか12基のみです[111]。そのうち地方自治体からMOX燃料（ウランとプルトニウムの混合燃料；訳者注）の使用許可を得ているのは4社だけ

---

109 比率は、JNFLのスライドデッキ
https://web.archive.org/web/20210317165744/https://www.nsr.go.jp/data/000230904.pdf
のスライド4と5から計算されました。翻訳提供：田窪雅文－個人メール通信2023-09-11。トリチウムは半減期12.3年で崩壊するため、正確な比率は再処理前の使用済み燃料の年齢によって異なります。

110 内閣原子力政策室、日本のプルトニウム管理状況報告書-2022年、2023年7月18日
http://www.aec.go.jp/jicst/NC/sitemap/pdf/kanri230718_e.pdf

111 日本の原子力事業者関西電力、7号機を再稼働
https://www.reuters.com/business/energy/japanese-nuclear-power-operator-kansai-elec-restarts-seventh-reactor-2023-09-15/

です[112]。民間燃料生産のための再処理という誤った約束は、カン氏、田窪氏、フォン・ヒッペル氏による"Bulletin of the Atomic Scientists"（原子力科学者紀要）の最近の記事を含め、広く議論されてきました[113]。それでも日本は六ヶ所再処理工場の稼働を決意しています。

プルトニウムの分離には核拡散の影響もあります。フォンヒッペル氏、田窪氏、カン氏がプルトニウムに関する2019年の著書[114]で指摘したように、日本は分離された、兵器に使用可能な商業用のプルトニウムを大量に保有する唯一の非核兵器国です。日本に保管されている9.3トンの分離プルトニウム（残りは海外）[115]は、1,100発以上の長崎型核爆弾の製造に使用できる可能性があります。

福島からの放射性の水の海洋投棄を認めた規制委員会の認

---

112 田窪雅文とファン・N・フォン・ヒッペル、「日本における分離プルトニウムの継続的蓄積に代わる方法：使用済み燃料の乾式キャスク保管」、平和と核軍縮のためのジャーナル、Vol. 18、No. 1、2018。https://doi.org/10.1080/25751654.2018.1527886

113 Jungmin Kang、田窪雅文、フランク・フォン・ヒッペル「学習しない燃料もある。米国エネルギー省　高価でリスクの高いプルトニウム分離技術に戻る」、『原子科学者報』、2022年9月14日。

Jungmin Kang, Masafumi Takubo, and Frank von Hippel, "Some fuels never learn. US Energy Department returns to costly and risky plutonium separation technologies", Bulletin of the Atomic Scientists, 14 September 2022.

114 Frank von Hippel、田窪雅文、Jungmin Kang、『プルトニウム：原子力発電の夢の燃料が悪夢になった経緯』、シュプリンガー、2019年

Frank von Hippel, Masafumi Takubo, and Jungmin Kang, Plutonium: How Nuclear Power's Dream Fuel Became a Nightmare, Springer, 2019.

115 内閣府原子力政策 2023、op. 引用。

可が、実際に将来の六ヶ所村再処理工場からの投棄に政治的に結びついているのであれば、六ヶ所再処理工場から計画されているさらに広範な汚染の前兆として福島の投棄を阻止することがなおさら重要です。さらに、日本が六ヶ所村再処理工場を稼働させる場合には、放射性の汚染水を海に投棄しないことを約束し、日本の近隣諸国に関わる正当化問題にIAEAが真剣に取り組むことが不可欠です。もし海洋投棄せずに六ヶ所村再処理工場を運転することが不可能であるならば、日本のプルトニウム分離政策と、そもそも六ヶ所村再処理工場を再稼働すべきかどうかについて、太平洋地域全体で議論されるべきです。

日本が六ヶ所村再処理工場を操業すべきでない強い理由は他にもあります。商業的再処理の誤った約束は、原子炉燃料として使用されるはずだったのに、実際に使用されていない分離プルトニウムの民間の在庫が数十年にわたって容赦なく増加していることを見ても明白です。民間で分離された余剰プルトニウムの在庫は300トンを超えており、これはすべての核保有国の軍事用プルトニウムの在庫を合わせたものよりも多いのです。この着実な増加と余剰兵器在庫に注目して、核分裂性物質に関する国際パネルのフォンヒッペル氏と田窪氏は、「提案されている核分裂性物質生産停止条約には、……民生用も軍事用も含めたあらゆる目的でのプルトニウムの分離の禁止が含まれている……」と勧告しました。彼らは、余剰プルトニウム在庫が「国家および国際安全保障に明らかに、かつ現在の危険」をもたらしているという米国科学アカデミーの1994年の評価を引用しています。彼らはまた、再処理工場の高額なコストとそれに関連する事故のリスクについても言及しています[116]。

再処理工場事故のリスクも、太平洋地域全体での広範な議論に値します。これらの施設は高放射性液体廃棄物をタンク内に保管しており、タンク冷却システムが長期間故障すると爆発する可能性があります。1957年にソ連で高レベル放射性廃棄物タンクが大爆発し、15,000平方キロメートル（またはそれ以上）の土地がストロンチウム90で汚染されました[117]。この件は、反体制派の科学者ジョレス・メドベージェフが1976年にこの件について書くまで隠蔽されていました。さらに関連性のあることですが、六ヶ所村によく似たフランスのラ・アーグの再処理工場は、1980年4月に敷地内も含めた2～3時間の非常用電源喪失や全電源喪失を経験しました。高レベル廃棄物タンクの停電が2～3日間続いていたら爆発が起こり、大都市だけでなく地方の食糧生産地にも放射能が拡散する可能性がありま

---

116 Frank N. von Hippel 田窪雅文、プルトニウム分離禁止、核分裂性物質に関する国際パネル、研究報告書第20号、2022年 https://fissilematerials.org/library/rr20.pdf（日本語訳は https://cnic.jp/47467）

117 核戦争防止のための国際医師特別委員会とエネルギー環境研究所、プルトニウム：核時代の致命的な黄金、国際医師出版、ケンブリッジ、マサチューセッツ州、1992年、Plutonium：Deadly Gold of the Nuclear Age

https://ieer.org/resource/books/plutonium-deadly-gold-nuclear/#:~:text=The%20Cold%20War%20is%20over%2C%20yet%20production%20of,by%20sale%20or%20theft%20is%20an%20increasing%20risk.

ソ連での1957年の事故の詳細な分析については第4章を、1980年代のラ・アーグの停電を含む再処理工場でのその他の事故や事件については第5章を参照してください。

した。六ヶ所村は実際、福島事故を引き起こした2011年3月11日の大地震の余震、2011年4月7日の地震により外部電源を喪失しました[訳注C-2]。工場のディーゼル発電機が非常用電力を供給していました[118]。

日本に方向転換を促すだけでなく、IAEAが自らの原則や指針文書の一部を放棄した責任を問うことも重要です。IAEAが影響は「無視できる」（科学的に不当な結論）と宣言していなかったら、日本が海洋投棄を開始することは極めて困難だったでしょう。説明責任のプロセスを開始するには、IAEA加盟国が総会、できれば理事会レベルで問題を提起する必要があります。問題は、米国、中国、フランス、韓国を含む主要加盟国が自らトリチウム水を海洋投棄していることです。中国はまた、海沿いの場所ではないが、2つの実証用再処理工場を建設しています[119]。しかし、もしIAEAが方針を転換し、これまで拒否してきた正当化に関する基本的な安全原則を検討させられない場合、将来の不当な行動に対してどのようにして「ノー」と言えるのかということを覚えておくことが重要です。

『Exploring Tritium Dangers』の日本語訳をボランティアで引き受けてくださった天野光さん、崎山比早子さん、高垣洋

118 国際原子力機関、福島原発事故最新記録、2011年4月7日
https://www.iaea.org/newscenter/news/Fukushima-nuclear-accident-update-log-8

119 それらは甘粛省で建設されています。「中国の核燃料サイクル」、世界原子力協会、2023年7月。
https://www.world-nuclear.org/information-library/country-profiles/countries-a-f/china-nuclear-fuel-cycle.aspx

太郎さんに深く感謝いたします。トリチウム水を世界の海洋に投棄するなどの、放射性物質による汚染の深刻さについての認識が広まることを願っています。私の本は韓国語にも翻訳されていますが、韓国では漁業関係者を含めて海洋投棄に反対している人がたくさんいます。日本を含む太平洋地域の人々の団結した努力によって、日本政府と東京電力がより良い、より安全な方針を採用することを願っています。福島第一原発の廃炉は、高放射能を帯びた溶融炉心の除去を含め、多くの深刻な課題に直面しています。日本の海洋投棄決定は、今後の廃炉のより困難な部分にとって有害な前例となります。

最後に、私はまた、日本の海洋投棄に反対している韓国や中国のような太平洋地域諸国の人々が、ガンジーのアドバイスを心に留めるよう政府を説得してくれることを願っています。「あなたが世界に望む変化を起こしなさい」。トリチウム水の海洋投棄を自らやめましょう。IAEAと日本は、汚染行為を継続する根拠の一部として他国によるトリチウム投棄を指摘しています。それは許しがたいことです。福島のタンク内の放射性廃棄物は、原子炉内の高放射性溶融燃料と接触したため、根本的に異なっています。しかし、もし濾過システムが計画通りに機能すれば、トリチウムの量は一部の国、特にフランスで排出されている量と同等かそれ以下になることも事実です[訳注C-3]。

海洋はさまざまな方向から攻撃を受けています。放射性の水を太平洋に投棄するという日本のひどい決定を阻止するプロセスが、「希釈が汚染の解決策である」という考えを止め、太平洋から始めて世界の海洋を健全にする世界的なプロセスと結びつけられれば、道徳的にも政治的にもそれほど難しい課題ではなくなるでしょう。私はお手伝いする準備ができています。

アルジュン・マクジャニ

2023年10月2日

訳注

訳注 C-1　ここではアルプス処理を指す。

訳注 C-2　六ヶ所再処理工場は、3月11日の東日本大地震でも外部電源を喪失した。

訳注 C-3　濾過システムが計画通りに機能してもトリチウム濃度を下げることはできない。この文章の真意に関する翻訳者の問い合わせに対し、アルプス処理でトリチウムや放射性炭素は取り除けないが、他の放射性核種は濃度を下げることができ、トリチウムについても放出量はフランスで排出されている量と同等かそれ以下との回答があった。

翻訳者あとがきⅠ

生態系を含めたトリチウム生物影響研究を

天野 光

トリチウムについては、これまで「あまり危険な放射性核種ではない」、ということが、まことしやかに国や電力、アカデミズムの学会や学者などからも言われ続けてきました。国際社会においても同様で、排水などに関する国際的な規制値も非常に緩いです。本当にそうなのだろうか、危険性は低いのだろうか、という素朴な疑問が、本書翻訳の動機の一つでした。

本書は、原題が「Exploring Tritium Dangers：Health and Ecosystem Risks of Internally Incorporated Radionuclides（トリチウムの危険性を探る：体内に取り込まれた放射性核種の健康・生態リスク）」で、トリチウムに焦点を当ててはいますが、内部被ばくの危険性についても言及しています。著者のマクジャニさんは本書でトリチウムの「危険性」について詳述していますが、「危険性を探る」というタイトルに象徴されているように、慎重にその危険性について探っています。

マクジャニさんは、カリフォルニア大学バークレイ校で工学博士号（核融合）を取得しています。40年以上にわたり、核兵器の製造や核実験、原子力発電、放射性廃棄物の影響などについて、広く世界に発信しています。現在は、科学の民主化と、より安全で健康な環境を維持・促進するための正確な科学的情報を一般の方々に提供する、エネルギー環境研究所（Institute for Energy and Environmental Research）で活動を行っています。

マクジャニさんの本書執筆の動機は、序文に「核種としてのトリチウムを、もっと真剣に扱う必要があるとの認識から」と書いています。日本語版あとがきで、最近のトリチウムの生物影響に関する公開論文から、日本の規制当局が定めた、1リットルあたり60,000ベクレルの規制値の120分の1、福島第一原発の処理汚染水についての1リットルあたり1,500ベクレルの制限値の3分の1のトリチウムレベルで、生態系に悪影響があるという証拠について、触れています。

現在のICRPなどが主導する国際的な被ばく線量の評価法では、トリチウムによる被ばく線量は、かなり高く（緩く）設定されています。世界保健機構（WHO）などもその評価法に従っていて、飲料水などに関するトリチウムの規制値は高い（緩い）です。わが国では、飲料水についてのトリチウムの規制値は、定められてさえいません。

もう一つの問題は、トリチウムを含んだ水を河川や海に放出する場合には、生体への影響のみならず、生態系への影響を考慮しなくてはなりません。その場合に、ミリシーベルトで表される、ICRPなどが主導する国際的な被ばく線量の現在の評価法では、生態系への影響を、正当に評価することができません。わが国の排水規制値である1リットルあたり60,000ベクレルでは、その120分の1の濃度である500ベクレル/Lで、魚卵の損傷数または死滅数が有意に増加するという観察結果が、本書のマクジャニさんのあとがきでも指摘されているように、最近報告されています

マクジャニさんの本書『トリチウムの危険性を探る』では、まさにこうしたことや、ミトコンドリアに対するインパクト、胎児への催奇形性影響などを警告しています。レイチェル・カーソンは既に1962年に『サイレント・スプリング』(邦訳:『沈黙の春』新潮文庫)で、有害化学物質によるこうした細胞や体組織等への悪影響や生態系への悪影響を警告していました。

本書で指摘されたトリチウムの危険性に関して、環境有害物質に適用されるような「予防原則」(例えば、悪影響が観察される濃度の1/100もしくは1/1000に放出規制値を定める)が、トリチウムのような放射性物質にも適用されるべき、と私は考えます。さらに化学物質と放射性物質の複合的な影響に関して、予防的な規格を確立することが、公衆・環境衛生にとって、重大な喫緊の課題であることも本書は指摘しています。

本書で、読者の皆様が、トリチウムの危険性を正当に認識されるのであれば、翻訳者の一人として嬉しいことです。また科学を志す若い方々が、放射性核種を含む環境有害物質の生態系への影響について、研究してくださることも切望します。トリチウムの生物影響については、まだまだ未知のことが多く、マクジャニさんが本書の序文で「科学的観点からも、健康を守り環境を保護する観点からも、非常に多くの“探求”を必要としている」と述べている通りだと思います。

原子力発電を行っている国では、本書に示されているよう

に、原子力発電の運転に伴って、大量のトリチウムを常時排出しています。ましてや使用済み核燃料からウランやプルトニウムを抽出する再処理工場を稼働する場合は、さらに大量のトリチウムが放出されます。

重大事故や放射線被ばくなどのリスクがあまりにも大きく、運転に伴い発生する膨大な放射性廃棄物の処分の目途さえ立たない原子力発電は、止めるべきだと私は思います。トリチウムを主に含む福島第一原発からのアルプス処理汚染水の海洋放出に関しては、『パンドーラーの箱　福島第一原発からの処理汚染水海洋放出』（ブイツーソリューション発行）と題して、その経緯を含め詳述し2023年に公刊しましたので、そちらもご参照頂ければ幸いです。

翻訳の主分担は下記の通りですが、各章は相互に関連しており、翻訳者同士でお互いに全体のチェックをしています。

序文、4章、5章、8章　高垣洋太郎

1章、6章　崎山比早子

2章、3章、7章、アペンディックスA、日本語版あとがき　天野 光

翻訳本では、米国ニューヨーク在住の弁護士であり、「核のない世界のためのマンハッタンプロジェクト」の井上まりさんに、原書に出てくる米国での地名や原子力発電所の日本語名などについて、また翻訳全般にわたって多くの有益なご意見等を頂きました。原子力資料情報室の伴英幸さん（2024年6月10日

ご逝去）には緑風出版に仲介をして頂き、また緑風出版の高須次郎さん、高須ますみさん、斎藤あかねさんをはじめ編集者の皆様には出版に関して多大なお骨折りを頂きました。ここに記して感謝致します。

翻訳者あとがきII

事実を知って身を守る

崎山比早子

日本政府及び東電は東電福島原発事故後に発生し続けている汚染水を多核種除去装置（ALPS）で処理、希釈して海洋投棄を強行しています。ALPS処理しても除去できないトリチウムを始めストロンチウム90、ヨウ素129、炭素14等々が残存しており、健康や環境に与える悪影響を心配して国内外から強い反対の声が上がっています。これに対し、復興庁は政府が海洋投棄を決めた2021年4月13日に合わせて、トリチウムの安全性をPRするために「トリチウムゆるキャラ」を公開しました。しかし、このキャラクターに対しては批判の声が強く、公開中止を余儀なくされました。現在復興庁のウエブ「アルプス処理水/トリチウムモニタリングについて[II-1]ではゆるキャラは使われていませんが、安全性を強調しており「トリチウムから発生する放射線のエネルギーは非常に弱く、規制基準を守る限りにおいては、危険ではありません」、「体内に入っても水と一緒に最終的に排出されるため、体内で蓄積・濃縮されることはありません」としています。本書に詳しく説明されていますように、これは明らかに誤っています。さらに本書ではトリチウムを始め放射性核種に関してこれまでほとんど注目されることのなかった胎盤を通じて胎児に移行するという危険性も指摘しています。原発の稼働、再処理や核融合によって地球上のトリチウム総量が増大すれば受精以前の卵子や精子、胎児に、より強い影響を与えることが心配されます。

放射性物質、放射線の危険性に関しては、明らかに科学的事実に反することが政府や事業者から平然と拡散されている現状は、事故前の原子力安全神話に通底するものがあります。覚えていらっしゃる方も多いと思いますが、東電福島原発事故が起きる前に学校に配布されていた副読本では「原子力発電所は固い岩盤の上に建ててあるので地震が来ても安心」「津波が来ても大丈夫」「原子力発電所は五重の壁に守られているので安全」と教えていました。事故によってこれらは全て嘘だったことが誰の目にも明らかになり、副読本は回収されました。ところがこの安全神話と同様なことが事故後に繰り返されています。原発事故は起きる可能性はあるけれども、少しの放射線には危険がないという、放射線安全神話の教育（学校教育のみならず社会教育も含む）に以前にも増して力が入れられるようになりました。まず最初に変えられたのが福島県において公衆の年間限度線量 1mSv を 20mSv に引き上げ、安全と宣言して避難住民を帰還させたことでした。次に始まったのが、上に述べた汚染水の海洋投棄に関係してのトリチウムの危険性無視です。

放射線安全教育は文科省による放射線副読本ばかりではなく、内閣府、復興庁を含む９省庁共著の『放射線リスクに関する基礎的情報』でも目に付きます。放射線には安全量はなく、発がんリスクはゼロから線量に比例して直線的に増加するというしきい値なし直線（LNT）モデルは本書でも述べられているように理論的にも疫学的にも立証済みですから、その事実を教えるべきでしょう。しかし、これらの冊子には発がんリスクが増加するのは100mSv以上の被ばくであるとし、100mSv以下については言及がなく、100mSv程度の発がんリスクは野菜不足や高塩分の食品を食べ続けた時のリスクと同程度と教えています。野菜不足等生活習慣と放射線被ばくのリスクは、比較できないものです。その上、国立がんセンターのウエブにある〝がん対策研究所 予防関連プロジェクト〟の「日本人における野菜・果物摂取と全がん罹患リスク」[Ⅱ-2]では野菜不足と全がんの罹患リスクとの関連性は認められないという論文を2017年に発表したと紹介しています。

福島県における事故時18歳以下の甲状腺がんは、これまでに350例を超えて、多発しています。その原因となる被ばく線量推定方法は信頼性が低く、過小評価されたまま発表されました[Ⅱ-3]。その結果が「原子放射線の影響に関する国連科学委員会」（UNSCEAR 2020/2021）によって採用され、甲状腺がんは多発するはずがないという論法で被ばくの影響は否定され、過剰診断の可能性があるとされています。単に多くの人を検査することのみで過剰診断は起きないことはチェルノブイリでも証明されています。

原子力利用を進めると決めた日本政府や事業者としては、人々が消すことができない放射能の危険性に目を向けず、なるべくなら忘れていて欲しいのでしょう。そのような状況にある時期に、トリチウム及びその他の核種に関して、これまでとは違った側面から危険性を警告する本書を翻訳、出版することは意義のあることと考えます。

注

Ⅱ-1　アルプス処理水／トリチウムモニタリングについて
https://fukushima-updates.reconstruction.go.jp/faq/fk_290.html#
ALPS（アルプス）処理水について知って欲しい３つのこと
https://www.reconstruction.go.jp/topics/main-cat14/20210421171004.html

Ⅱ-2 「日本人における野菜・果物摂取と全がん罹患リスク」
https://epi.ncc.go.jp/can_prev/evaluation/7880.html

Ⅱ-3　UNSCEAR 2020/21 報告書検証ネットワーク　https://www.unscear2020report-verification.net

翻訳者あとがきⅢ

放射能汚染は、いつも後の祭り

高垣洋太郎

子供の頃、太平洋での核実験で大気が汚染され、雨降りの時ストロンチウムを浴びない様にと、学校やラジオや新聞等が注意を促していました。あの頃は、キューバ危機など世界核戦争の寸前まで迫り、私達団塊の世代は、皆、核戦争勃発かとビクビク怯えた記憶があります。以来、米国・欧州の核実験が終了、少し遅れて中国の核実験が終了してから、大気中の放射能は徐々に減少し、たまに原発事故でスパイク上昇がある以外は、大幅に減少しました。

しかし、厚生労働省のデータによれば、1975年頃から日本の悪性新生物による死亡が直線的に増加し、未だ上昇中で、今や日本人は60％以上ががんを経験し、日本の死亡原因の最上位に位置しています。核実験の時代の後に農薬やその他化学的汚染の増加の時代になりましたが、私達の体内に蓄積しているだいぶ前の核汚染の影響も、ゲノムに刻印され、複合的に影響していると考えるのが妥当でしょう。

がんは、ドライバー遺伝子に変異が起こり、段階的に遺伝子変異が集積し、続いて染色体の構造変動やコピー数変動が起こり、免疫系が抵抗できなくなって死に到ります。かつて原爆被ばく者にだいぶ時間がたってからがん多発が見られ、放射線障害研究の中心となりました。しかし、がん化の最初の段階から死亡までは、時間がかかり、放射能汚染とがん死増加の時間差が、因果関係の疫学研究を難しくしています。

私事で申し訳ないですが、1978年米国の留学先で、トリチウム標識の試薬を化学合成している時、失敗して化学反応用のドラフト（通風装置）をトリチウムで汚染させてしまいました。反省文と始末書を提出させられ、絞られましたが、トリチウムは、β線のエネルギーが小さいのでGM管モニターでは検出できず、扱いが難しかったのです。また当時トリチウムの危険に対しての認識は、非常に甘かったのです。バイオテクノロジーの黎明期から研究に従事していますが、リン-32、硫黄-35、炭素-14、ヨード-125、トリチウム-3などの放射性同位体に非常に世話になりました。これら無くしては、今日のライフサイエンスはありません。その中で、トリチウムは扱いが最も難しいです。留学先のキャンパスには原子炉があり、いつも蒸気を排出していました。どれほどトリチウムが排出されていたか、誰も気にしていませんでしたが、いま思えば、多量に吸入していたと疑っても、後の祭です。この翻訳の最中に、がんの手術を受けました。

ライフサイエンスは、目覚ましい進展を遂げて、アポトーシス、オートファジー、人ゲノム（設計図）の解読、ミトコンドリアの動態など、今世紀に入って明らかになってきたことが非常に多いです。本書の特色は、放射線の影響について、胎芽と胎児に対する影響とミトコンドリアに対する影響を強調している点です。今までの人体に対する放射線障害研究に加えて、最近勃興してきたライフサイエンスの新しい視点、とりわけ最近目覚ましく伸び始めている発生生物学と、健康医学におけるミトコンドリア研究に取り組むべきであるとの誘いでもあります。卵子と精子が受精して単細胞から胎児が形成される初期発生過程に対する放射線のインパクトは、大人の人体とは別質のものです。発生生物学は、その成果が不妊治療として活用されつつあります。しかし、生殖補助医療が適応される様になり、通常の妊娠出産後の先天性異常約3%[Ⅲ-1]に対して、先天性異常は増えています[Ⅲ-2]。初期発生は敏感な過程でインパクトを受け易いので、母体外で受精させ培養する試験管ベービーが障害を受けやすいのは当然でしょう。成人組織と根本的に異なります。

もう一つの特色は、ミトコンドリアの受けるインパクトの指摘です。精神神経系の疾患にミトコンドリアのエネルギー生産電子伝達系の損傷が頻繁に検出されています。幼児精神障害の多くにミトコンドリアの障害が見られます。老人が鈍くなるのはミトコンドリア数が減少するからで、長寿者は減少が遅いといいます。ATP生産は多量のプロトンを必要としますが、プロトン中のトリチウムの比率が高くなれば、ATP生産を損傷させ、精神神経活動の低下、妊娠率の低下、先天性異常の増加の可能性が高くなることは、想像に難くないです。

T.A.Mousseau & S.A.Todd, 2023[Ⅲ-3]は、トリチウム放射線の生物学的影響に関する文献を網羅的に検索し、内250論文について精査して、次の３点を指摘しています。トリチウムは、低エネルギーであるが故に、1）トリチウム自身の計測が難しくコストが嵩み、2）低エネルギーの生物学的効果に関する研究は未開発で、3）研究対象としての技術的困難があります。本翻訳では、第５章の生物学的効果比の議論に難儀しましたが、色々な文献を調べると、専門家の苦労が滲み出てきます。未だ、最新の解析手段や、例えばゲノミックスやオミックス解析が応用されていないサイエンスの未開地なのです。.Mousseau & Todd は、トリチウムの科学は、現時点では：−”Absence of evidence is not evidence of absence（エビデンスの欠如は、証拠無しの根拠〔証拠〕では無い）とのカール・セーガンの言葉を引用し、トリチウムも他の環境汚染物質の様に、”the solution to pollution is dilution（汚染物質の解決は希釈）”という体制だと嘆いています。希釈しても、生物濃縮され、食糧連鎖に出現する科学的エビデンスが出つつあるのですが。

水素爆弾はトリチウムの核融合を用いた爆弾ですが、米国では水爆用トリチウム製造核施設で次つぎと深刻な環境汚染が明るみにされ、幾つかの施設が閉鎖されたものの、軍事機密で情報が隠蔽されています。しかし、トリチウムのサイエンスはまだ黎明期にあるとはいえ、トリチウムを扱う技術はあり、例えば汚染水からトリチウムを選別吸着除去する技術（近畿大学等）はこれから伸びるでしょう。トリチウムを利用した核融合発電は、現在、開発競争のまっただ中ですが、核融合発電が稼働すれば、多量のトリチウム需要が生じます。他方、核燃料の再処理施設でも、フル稼働すればとんでもないトリチウム量が大気中に放出されます。私達団塊の世代が消えてからの心配事ですが、人類絶滅などの後の祭にならない事を祈るばかりです。

注

Ⅲ-1 『ベーシックマスター発生生物学』オーム社、2008年刊、第15章、高垣分担執筆

Ⅲ-2 2022年 Internat.Journal of Environmental Research and Public Health 19巻 4914 Dawid Serafin ら、Evaluation of the Risk of Birth Defects Related to the Use of Assisted Reproductive Technology：An Updated Systematic Review

Ⅲ-3 2023年 SSRN 電子雑誌 T.A Mousseau & S.A.Todd、Biological Consequence of Exposure to Radioactive Hydrogen（Tritium）：AComprehensive Survey of the Literature

[著者略歴]

アルジュン・マクジャニ　Arjun Makhijani

米国カリフォルニア大学バークレイ校で学位取得（工学博士、核融合分野）。

40年以上にわたり、核兵器製造や核実験、原子力発電、放射性廃棄物のインパクトについて著述。

科学の民主化と、より安全で健康的な環境を促進するために、正確な科学的情報を一般の人々に提供しているエネルギー環境研究所の所長。

太平洋諸島フォーラムの専門家パネルの構成員。

[訳者略歴]

天野　光（あまの　ひかる）

工学博士、日本原子力研究所で、長年にわたりトリチウムなどの環境放射能の測定や挙動解析に従事、1986年から1987年に米国オークリッジ国立研究所環境科学部で客員研究員として、廃棄物処分場周辺環境でのトリチウムの挙動解析に従事。現在は、いわき放射能市民測定室たらちねベータラボアドバイザー、いばらき環境放射線モニタリングプロジェクト、東海第二原発周辺科学者・技術者の会に所属。

崎山比早子（さきやま　ひさこ）

医学博士、千葉大学医学部医学研究科で微生物学を学び、マサチューセッツ工科大学生物学部で研究員としてがん細胞生物学の研究に3年半従事。帰国後放射線医学総合研究所で放射線発がん、がん細胞生物学、主にがん細胞の転移のメカニズムを研究。1999年から故高木仁三郎氏が設立した市民科学者を育成する高木学校のメンバー、国会福島第一原子力発電所事故調査委員会委員、3・11甲状腺がん子ども基金代表理事。

高垣洋太郎（たかがき　ようたろう）

農学博士、東大応用微生物研究所、阪大タンパク質研究所、国立遺伝学研究所で生化学と遺伝学を学んだ後、マサチューセッツ工科大学で13年間、組換えDNA技術の開発と分子免疫学を研究。帰国後、三菱化学生命科学研究所、北里大学医学部、東京女子医科大学で、分子遺伝学、免疫学とミトコンドリアの研究に従事。

トリチウムの危険性を探る

2024年10月8日　初版第1刷発行　　定価2200円＋税

著　者　アルジュン・マクジャニ
訳　者　天野 光、崎山比早子、高垣洋太郎
発行者　高須次郎
発行所　緑風出版 ©
〒113-0033　東京都文京区本郷2-17-5　ツイン壱岐坂
［電話］03-3812-9420　［FAX］03-3812-7262［郵便振替］00100-9-30776
［E-mail］info@ryokufu.com［URL］http://www.ryokufu.com/

装　幀　斎藤あかね
制　作　R 企 画　　印　刷　中央精版印刷
製　本　中央精版印刷　　用　紙　中央精版印刷　　E1000

Printed in Japan　　ISBN978-4-8461-2410-6　C0042